無論什麼肉都可以變得非常美味。

低溫烹調「肉の教科書」

ANY MEAT WILL BE DELICIOUS.
"MEAT TEXTBOOK for LOW-TEMPERATURE COOKING

樋口直哉
NAOYA HIGUCHI

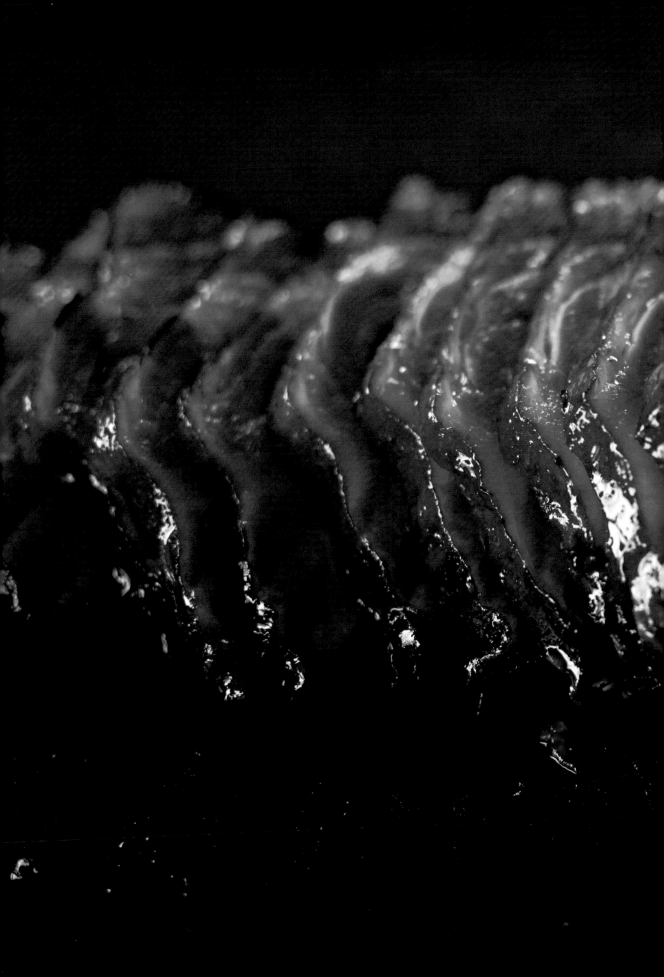

「低溫烹調」的魅力

過去，烹調肉類常常是一個依靠「經驗和直覺」的領域，需要熟練的技術。然而，低溫烹調透過精確的溫度控制，不論是專業廚師還是家庭料理人，都能夠烹調出同樣美味的熟度與口感。低溫烹調的出現將直覺轉化為數字。

除了味道之外，低溫烹調還有一個好處是節省時間。在低溫烹調的過程中，即使不看顧爐火，也非常安全，因此可以同時離開廚房做其他事情，例如工作等。

使用低溫烹調，可以輕鬆製作需要長時間加熱的燉煮菜餚等。這本書提供了由加熱過的肉、醬汁和配菜（例如沙拉）組成的料理方案。只要改變肉、醬汁和配菜的搭配，就可以創造出無限的變化。

CONTENTS

CHICKEN

PORK

- 1小匙是5ml，1大匙是15ml。

- 少量調味料的份量用「少許」，是指用拇指和食指捏取的量；「1撮」是用拇指、食指和中指捏取的量。

- 「適量」是適當的份量，「適宜」則表示可以依個人口味增減。

- 烤箱因型號而異。請以標示的時間為參考，並在觀察狀況的同時進行調整。

BEEF

LAMB&DUCK

COLUMN

安全地享受低溫烹調

「不帶入」

　　保持食材最初污染量低，是確保安全的基本關鍵。選擇進行烹調的肉類應該是來源明確、高品質的食材。具體而言，在日本的超市購買的食材符合衛生標準，因此相對安全可靠。

「不增殖」

　　第二個原則是將保存在適當溫度下的食物充分加熱，以防止細菌增殖引起食物中毒。低溫烹調的加熱溫度較低，可能會引起某些微生物的增殖，但危險區域的溫度範圍認定為5℃～50℃，與低溫烹調的溫度不重疊。

　　通常我們食用的食品可以分為「生鮮或輕微加熱」和「經過加熱處理」2種。生鮮食品的代表是生魚片等，而經過輕微加熱處理的食品，包括烤牛肉（Roast beef）和一分熟的牛排（Rare steak）等。生魚片雖然未經加熱，但如果得到適當管理，就不必擔心食物中毒問題；而烤牛肉和一分熟的牛排也幾乎不會引起問題。

　　雖然將生魚片放置在常溫下會增殖細菌，但即使是在旅館等地點提供的食物，如果是在1小時前設置在餐檯上的，也幾乎不會對健康造成問題。食物中毒不是一下子從0發展到1，而是微生物數量的問題。同樣的道理也適用於一分熟的牛排等食物，這意味著烹調後的2小時內，相對較安全，這也是低溫烹調的理念。

「低溫烹調」是一種優秀的烹飪方法，但隨著越來越普及，對安全性的擔憂也越來越多。食品的安全性是不容忽視的前提，但只要正確理解方法，就沒有必要過度擔憂。

首先，加熱肉類有兩個目的：「追求美味」和「殺菌」。這一點不論是低溫烹調或一般的烹調都是相同的。首先要瞭解的是，預防食物中毒的3個原則：「不帶入」、「不增殖」和「殺菌」。

「殺菌」

要進行殺菌，就需要在適當的溫度下進行加熱，許多人對於低溫烹調在這方面感到擔憂。然而，能夠進行適當溫度控制的低溫烹調相較於一般的烹調來說，更加安全可靠。

身邊常見的例子是「低溫殺菌牛奶」，包裝上會標示在63℃或66℃下加熱30分鐘等相關信息。低溫殺菌是由法國細菌學家路易·巴斯德提出的一種「在不對食品造成傷害的情況下，減少微生物的殺菌方法」，透過在低溫下長時間加熱，可以減少微生物的數量（請參考所附「厚生勞動省的加熱標準」）。隨後進行烹調（如烤或煮）可以進一步確保安全性。

低溫烹調的目的不僅僅是在低溫下加熱，而是在確保安全性的同時，以最適合且美味的溫度進行加熱的一種烹調方式。為了不冒風險，遵循食譜製作非常重要，不要隨意降低溫度或縮短時間。此外，根據肉類的厚度可能需要延長加熱時間。

對於孩子、老人等抵抗力較弱的人來說，應該避免風險較高的食品，這樣的安全考量與對待一般食物的態度是相同的。

（參考）厚生勞動省的加熱標準

＊烤牛肉（Roast beef）（特定加熱食品產品）銷售的標準

① 用於製造的原料食用肉必須在宰殺後的24小時內冷卻至4℃以下，並且冷卻後的肉塊必須在4℃以下保存，且肉塊的pH值不能超過6.0。

② 用於製造的冷凍原料食用肉解凍時，食用肉的溫度不得超過10℃。

③ 用於製造的原料食用肉成形時，食用肉的溫度不得超過10℃。

④ 如進行食用肉的醃製，則必須保持肉塊的狀態，並且必須使用乾鹽法或鹽水法進行。

⑤ 如進行鹽漬食用肉的去鹽處理，必須使用5℃以下的飲用水進行，並且需要不斷更換水。

⑥ 如使用調味料等進行製造，只能在食用肉表面塗抹。

⑦ 產品必須保持肉塊的狀態，根據下表列出的溫度範圍，將產品的中心部位加熱至相應的時間，或者使用具有相同或更高效力的方法進行殺菌。在這種情況下，產品中心部位的溫度必需保持在35℃以上或更高，且低於52℃，持續的時間不得超過170分鐘。

55℃→97分	58℃→28分	61℃→9分
56℃→64分	59℃→19分	62℃→6分
57℃→43分	60℃→12分	63℃→瞬間

隨著加熱溫度和時間的肉類變化

肉的熟度喜好因人而異。

是喜歡用叉子就可以撕開的軟嫩，還是更喜歡有嚼勁的口感呢？

是追求多汁，還是享受極致的一分熟呢？

以下是本書中使用的各種肉類，以超市常見的肉品，

並且根據不同的溫度和時間進行加熱後的狀態。

請以此作為您選擇烹調方式的參考。

CHICKEN   〈 雞胸肉 〉   〈 雞腿肉 〉

60°C   80min.   柔軟的   65°C   60min.   肉排的嫩度

65°C   60min.   軟嫩、多汁   75°C   60min.   軟嫩、多汁

70°C   45min.   有纖維感   85°C   60min.   軟到可以用叉子撕開

雞胸肉隨著加熱進行會產生纖維感。溫度的界線大約在65°C，低於此溫度肉質會變得濕潤，而高於這個溫度，則會變得比較有嚼勁，味道更美味。考慮到安全性，加熱溫度低於60°C是不可行的。

雞腿肉含有較多結締組織（如膠原蛋白），相較於雞胸肉，需要更高的加熱溫度。當以85°C加熱時，結締組織會轉變成明膠，使肉質變得鬆軟，適合於燉煮料理。考慮到與醬料的相容性，請適當調整加熱溫度。

BEEF

〈 牛排 〉＊ 2.5cm 厚

50°C **60min.** Rare一分熟

PORK

〈 里脊肉 〉＊ 1.5cm 厚

5°C **30min.** 粉紅色且柔軟

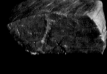

54°C **60min.** Medium rare 三分熟

7°C **30min.** 淡粉色且柔軟

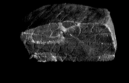

56°C **60min.** Medium 五分熟

低溫烹調所需的器具

低溫調理器是一種恆溫水浴的機器，可以將食材置於預設溫度的熱水中進行烹調。
只要設定好溫度和時間，低溫調理器就能確保您所喜歡的火候，
即使在家中也可以製作出專業水準的美味料理。

低溫調理器

低溫調理器通常以攝氏（℃）和華氏（℉）顯示溫度。請根據裝置說明書設定溫度和加熱時間。使用後，請擦乾並充分晾乾。

鍋

鍋子的選擇很重要，因為低溫調理器需要固定在鍋子中使用。建議選擇至少15cm深的筒狀圓鍋。將低溫調理器固定在鍋內後，加入適量的水（溫水可以加快升溫速度），確保水位恰到好處，可以剛好淹沒覆蓋低溫調理器的加熱棒。如果水位太低，可能會觸動提示警鈴。

鍋墊

即使是低溫調理，長時間加熱也可能導致鍋底燒

耐熱袋

肉類放入袋中進行加熱，因此需要使用具耐熱性能的袋子，以承受長時間的加熱（抽出空氣後，將其放入熱水中加熱，有助於均勻傳熱）。雖然本書中使用了商業用真空包裝機，但沒有也可以製作。將食材放入袋中後，輕輕擠壓排出空氣，然後慢慢地放入水中，利用水壓將空氣排出，稍微殘留一些空氣也沒關係。另外，如果將其浸入溫水中，空氣會更乾淨地排出。

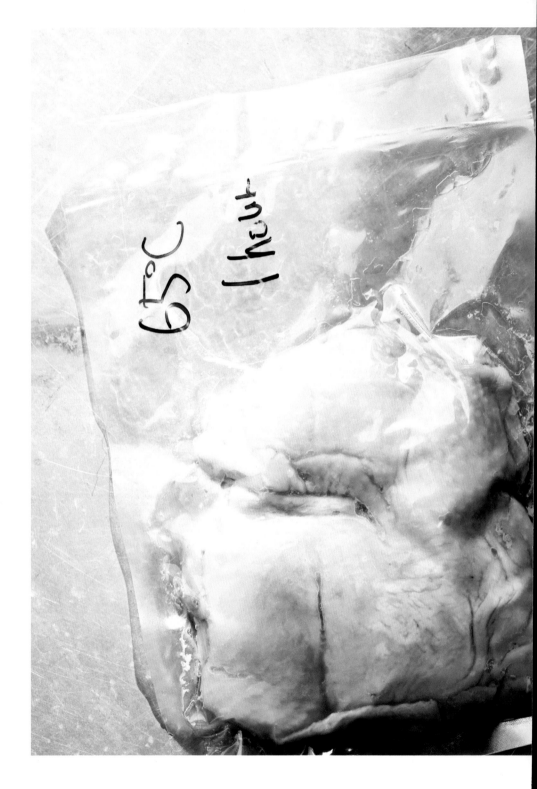

雞肉是世界各地都食用的家禽之王。雖然它常被認為味道淡雅，但實際上是一種美味且風味豐富的肉類。與豬肉或牛肉等其他肉類相比，雞肉的結締組織（如膠原蛋白等）較少，因此即使加熱也不容易變硬。此外，雞肉的脂肪融點也較低，約30℃左右，這使得它即使冷掉後仍然美味可口。在購買時，應選擇沒有黏膩感且肉質緊實的雞肉。

〈 雞胸肉 〉

	溫度	時間
柔軟的	60°C	80min.
軟嫩、多汁	65°C	60min.
有纖維感	70°C	45min.

〈 雞腿肉 〉

	溫度	時間
肉排的嫩度	65°C	60min.
軟嫩、多汁	75°C	60min.
軟到可以用叉子撕開	85°C	60min.

〈 帶骨的雞腿 〉

	溫度	時間
多汁	68°C	3hr.
軟到可以用叉子撕開	75°C	3hr.
燉煮料理的軟度	75°C	5hr.

雞胸肉佐芥末籽醬
蘋果和芹菜沙拉

CHICKEN BREAST with MUSTARD SAUCE
APPLE & CELERY SALAD

RECIPE > P.18

麵包粉雞胸肉佐番茄和草莓油醋醬
蘑菇沙拉

BREADED CHICKEN with TOMATO STRAWBERRY VINAIGRETTE SAUCE

雞胸肉佐芥末籽醬汁
蘋果和芹菜沙拉

雞胸肉因其脂肪含量低，特點是肉質細緻。由於肌肉薄膜較薄，過度烹調容易讓肉變得乾巴巴，但是在低溫調理的情況下，就不必擔心這個問題。80分鐘的加熱時間是以2.5cm厚度為基準，所以如果肉比這更厚，就需要採取以下措施之一：①用刀片開太厚的部分，或者用肉錘將肉敲平至2.5cm的厚度。②延長加熱時間。當烹調完畢後，煎雞皮部分時，要一直煎至表面香脆的狀態。雞皮是為了保持雞的體溫，具有隔熱的作用。由於熱難以傳導至肉中，因此可以放心地充分煎香。作為搭配的蘋果和芹菜沙拉，如果用柳橙代替蘋果，可以帶來一種清爽的印象，而在夏季可以使用桃子，秋季可以使用柿子等。雞胸肉與脂肪的搭配非常合適，因此以芥末籽醬製作的鮮奶油醬汁作為搭配。如果希望醬汁更加濃郁，可以在最後加入一些奶油。你也可以將雞胸肉和沙拉放在長棍麵包中做成三明治。

雞胸肉 —— 1片（約330～400g）
鹽 —— 雞肉重量的1%

芥末籽醬汁
白葡萄酒 —— 50㎖
鮮奶油 —— 100㎖
芥末籽醬 —— 1大匙
鹽 —— 1撮

蘋果和芹菜沙拉
蘋果 —— 1/2顆
芹菜 —— 1根
橄欖油 —— 1大匙
白葡萄酒醋 —— 1小匙
鹽 —— 1/4小匙

[2人份]

1. 將鹽均勻地撒在雞胸肉上，放入耐熱袋中，以60℃加熱80分鐘。

2. **製作蘋果和芹菜沙拉**。將蘋果去核，連皮切成薄片。將芹菜去老筋，斜切成薄片，葉子切成小塊。放入碗中，加入調味料，輕輕拌勻。

3. 將步驟 1 的雞胸肉從袋中取出，用廚房紙巾擦乾表面的水分（**A**）。若不擦乾水分，煎時容易濺油，且難以形成表面的焦黃色。在平底鍋中倒入少量橄欖油（份量外），用大火煎至皮面金黃（**B**）。翻面煎另一面。

4. **製作芥末籽醬汁**。在同一個平底鍋中加入耐熱袋中的汁液和白葡萄酒，以中火煮至濃縮，同時去除表面的浮渣（**C**）。浮渣是凝固的蛋白質，如果不去除，口感會變差。當水分減少並且鍋底出現黏稠感時，加入鮮奶油，繼續煮至稍微濃稠。

5. 當醬汁能夠附著在匙背上，以手劃過可留下痕跡時，加入芥末籽醬和鹽調味後，關火。

6. 將沙拉、切片的雞胸肉放在盤子上，淋上醬汁即可。

A

B

C

[雞胸肉] ○柔軟→60℃ & 80min. ○柔軟多汁→65℃ & 60min. ○有纖維感→70℃ & 45min.

麵包粉雞胸肉佐番茄和草莓油醋醬
蘑菇沙拉

將小牛肉（Veal）的「Cotoletta alla Milanese米蘭炸肉排」改為使用雞胸肉的料理。低脂肪的雞胸肉搭配麵包粉，增添了香脆和油脂的風味。選用細粒的麵包粉可以更好地與醬汁融合，也可以將市售的乾燥麵包粉放入食物料理機中打細，或者使用網篩過濾出較細的麵包粉（將麵包粉放入網篩中，用手壓成細碎狀）。將麵包粉均勻沾裹切成薄片的雞胸肉，用少量油煎炸至金黃酥脆，搭配切碎的草莓與番茄製成的油醋醬一同享用。如果找不到草莓，只用番茄也OK，而且還可以搭配葡萄，非常美味。

蘑菇沙拉作為一道單獨的前菜也很適合搭配葡萄酒。食譜中建議加入切碎的義大利巴西利，但如果有新鮮的龍蒿和百里香一同使用，效果也會很好。美食作者與餐廳評論家的派翠西亞・威爾斯（Patricia Wells）將蘑菇、龍蒿和百里香的組合形容為「令人驚嘆」，實在是一個奇妙的搭配。

雞胸肉 —— 1片（約330g～400g）
鹽 —— 雞肉重量的1%
麵粉 —— 適量
打散的雞蛋 —— 1顆
麵包粉 —— 適量

番茄和草莓油醋醬

番茄 —— 1/2顆
草莓 —— 8顆
洋蔥 —— 1/4顆
大蒜 —— 少量
羅勒 —— 4～5片（切碎）
橄欖油 —— 1大匙
白酒醋 —— 1小匙
鹽 —— 1/4小匙
塔巴斯可辣醬（Tabasco）—— 少許

蘑菇沙拉

蘑菇 —— 1/2包（約50g）
義大利巴西利 —— 適量（切碎）
白酒醋 —— 1小匙
橄欖油 —— 1大匙
鹽 —— 少許

帕馬森乳酪（Parmesan）—— 適量

[2人份]

1. 將雞胸肉以重量1%的鹽均勻撒上，放入耐熱袋中，以60℃加熱80分鐘。

2. **製作番茄和草莓油醋醬**。將洋蔥和大蒜切成末，放入碗中，加入鹽調味，拌勻後靜置5分鐘（這樣辣味會揮發）。去掉番茄的蒂，切成7～8mm大小的丁。草莓也切成相同大小。將番茄、草莓、羅勒和調味料加入洋蔥碗中，輕輕拌勻。

3. **製作蘑菇沙拉**。將蘑菇切成薄片，放入碗中。加入義大利巴西利和調味料，輕輕拌勻。

4. 將1的雞肉從袋中取出，斜切成薄片（**A**）。依序沾裹上麵粉、打散的雞蛋，以及麵包粉。在平底鍋中加入2大匙的沙拉油（份量外），用中火煎至金黃色。

5. 將雞肉和沙拉盛盤，淋上醬汁，撒上帕馬森乳酪絲。

A

COLUMN ❶

以鍋子和微波爐製作。

「蒸雞」

鍋子

1. 雞胸肉撒上 1% 重量的鹽，放入耐熱袋中。

2. 在鍋中煮沸水，加入 **1**，蓋上鍋蓋，用餘熱加熱 1 小時以上。

3. 時間到後，取出並切開，檢查熟度。如果還太生，再次煮沸水，用餘熱繼續加熱。

微波爐

1. 雞胸肉撒上 1% 重量的鹽，用保鮮膜包裹成圓柱狀。

2. 在耐熱碗中倒入 85℃ 的熱水（從鍋底冒出小氣泡的溫度），放入 **1**。在 300W 的微波爐中加熱 15 分鐘，然後靜置 15 分鐘以上冷卻。

3. 冷卻後檢查肉的熟度。如果還太生，再次在 300W 的微波爐中加熱 2～3 分鐘。

　　鍋子或微波爐都可以進行低溫烹調，但並非在固定溫度下加熱，因此火候不太均勻。這導致外層稍微帶有纖維感，而中心則較為柔軟。利用餘熱進行烹調的方法應用廣泛，但製作過程中需要注意食品安全。

　　在使用鍋子烹調的情況下，要注意的幾點是：①選用保溫性能良好的鍋具。②將室溫下的雞胸肉放入煮沸的大量水中。③如果肉仍夾生，需要再次加熱。

　　相對而言，使用微波爐進行烹調相對安全，但同樣需要準備充足的熱水，並保持肉完全浸泡在水中。由於難以從外觀判斷食材是否煮熟，因此最可靠的方法是使用溫度計插入中心部位來測量溫度。

口水雞

蒸雞（鍋子）——1片
香菜 —— 適量

醬汁
辣油（如老干媽）——2大匙
醬油 —— 1大匙
醋——1大匙
砂糖 —— 1大匙

［2 人份］

1. **製作醬汁**。將所有調味料放入碗中攪拌均勻。

2. 將蒸雞去皮切片。盛盤，淋上步驟1的醬汁，再撒上切碎的香菜。

凱撒沙拉

蒸雞（微波爐）——1片
羅曼生菜 —— 1/2顆
培根 —— 2片

凱撒醬汁（方便製作的份量）
蛋黃 —— 1顆
第戎芥末醬 —— 1大匙
鯷魚 —— 2片
大蒜 —— 1/2瓣（磨泥）
橄欖油 —— 140㎖
醋 —— 1大匙
雪莉酒醋（或白葡萄酒醋）
    —— 1大匙
鹽 —— 1/4小匙
白胡椒 —— 1/4小匙
砂糖 —— 少許

黑胡椒 —— 少許

［2 人份］

1. **製作凱撒醬汁**。在碗中放入蛋黃、第戎芥末醬、切碎的鯷魚和蒜泥，用打蛋器攪拌均勻。

2. 在另一個碗中放入除了橄欖油以外的調味料，用打蛋器攪拌均勻。待鹽溶化後，慢慢加入橄欖油，持續攪拌至完全融合。逐漸加入步驟1中，攪拌至乳化。

3. 培根切成5mm寬，放入平底鍋中煎。

4. 將羅曼生菜切成適當大小，放入盤中，淋上醬汁。放上切片的蒸雞和培根，撒上黑胡椒。

香醋煎雞腿肉佐迷迭香
馬鈴薯溫沙拉

VINEGAR FLAVORED SAUTEED CHICKEN with ROSEMARY
HOT POTATO SALAD

RECIPE > P.26

雞腿輕燉煮「PIPERADE」
奶油煮青豆和葡萄柚

**LIGHTLY STEWED CHICKEN < PIPERADE >
LIGHTLY STEWED GREEN PEAS & GRAPEFRUIT**

RECIPE > P.27

香醋煎雞腿肉佐迷迭香
馬鈴薯溫沙拉

脂肪含量豐富的雞腿肉，以香醋醬汁清爽香脆地調味。雞腿肉在65℃下烹調，但也可以在70℃下烹調，無論如何，都能品嚐到其他烹調方式所無法獲得的多汁口感。這道菜餚非常簡單，只要確保雞皮煎得酥脆，請使用廚房紙巾等澈底擦乾表面水分後再煎。我使用了白酒醋製作醬汁，若改用紅酒醋、蘋果醋、米醋等，每種醋都能帶出其獨特風味。水分不要蒸發太多，則帶有酸香的風味；若煮至濃縮，則會帶出甜味，取決於個人喜好。您也可以在醬汁完成時加入煎炒的蘑菇或番茄來變化口味。馬鈴薯沙拉口感容易感覺厚重，這裡用薑增添清爽的香氣。訣竅在於馬鈴薯煮好後，待冷卻再添加美乃滋，這樣可以保持乳化狀態，不會變得太過濕軟。這款溫沙拉是與各種肉類料理搭配的萬用配菜。

雞腿肉 —— 1隻
鹽 —— 雞肉1%的重量
迷迭香 —— 1枝
白葡萄酒醋 —— 2小匙

馬鈴薯溫沙拉

馬鈴薯 —— 小4～5顆
薑 —— 3～4片（帶皮切薄片）
青蔥 —— 適量（切末）
美乃滋 —— 3大匙
芥末籽醬 —— 1大匙
白葡萄酒醋 —— 1小匙

[2人份]

1. 雞腿肉抹上鹽放入耐熱袋中，以65℃加熱60分鐘。

2. 將迷迭香葉摘下，用刀切碎。

3. **製作馬鈴薯溫沙拉**。將馬鈴薯澈底洗淨，連皮切成1cm厚的片。放入鍋中，加入足夠的水，薑片和水重量1%的鹽（份量外），以中火加熱。水沸騰後，轉至小火煮15分鐘。

4. 用竹籤刺入馬鈴薯，可輕鬆刺入的程度，然後放在濾網上，瀝乾水分。挑除薑片，將馬鈴薯移到碗中，用叉子粗略搗碎。當馬鈴薯降溫（約40℃）時，加入蔥末和調味料，輕輕拌勻。

5. 將步驟1的肉從袋中取出，用廚房紙巾擦乾表面水分，切成四份。在平底鍋中倒入少量橄欖油（份量外），中火燒熱，將雞皮朝下煎至金黃。撒上一半切碎的迷迭香，翻面後再撒上剩餘的迷迭香。

6. 加入袋中的汁液和白酒醋（**A**）。將醬汁與雞腿肉混合，煮至稍微收汁，出現光澤後即可關火。將雞腿肉和沙拉盛盤，淋上鍋中的醬汁。

A

[雞腿肉] ○肉排的嫩度→65℃ & 60min. ○軟嫩、多汁→75℃ & 60min. ○軟到可以用叉子撕開→85℃ & 60min.

雞腿輕燉煮「PIPERADE」
奶油煮青豆和葡萄柚

「PIPERADE」是西班牙巴斯克地區的傳統料理。以番茄、甜椒、洋蔥和大蒜在橄欖油中翻炒，加入名為「艾斯佩雷Espelette」的辣椒粉燉煮，常搭配煎過的生火腿（Prosciutto）一同享用。這道料理改良自「PIPERADE」，先對雞肉進行低溫烹調，然後香煎表面後再稍微燉煮，可100%充分展現其風味。燉煮料理的困難在於掌握加熱時間，低溫烹調可以使得熟度恰到好處。加入袋中的汁液會導致蛋白質凝固，類似殘渣一樣浮在表面，但只要充分攪拌均勻，就不會有任何問題。若想增加份量，可搭配荷包蛋或炸蛋。另外，奶油煮青豆和葡萄柚，是法國料理「奶油煮小豌豆 petit pois française」的改良版本。這道配菜清爽可口，但若感覺滋味不夠，可以添加一些培根或顆粒雞湯粉。如果難以獲得冷凍青豆，也可以用去莢的冷凍豌豆代替。

雞腿肉 —— 1片
鹽 —— 雞肉重量的1%

PIPERADE

紅椒 —— 1個
洋蔥 —— 1/4個
生火腿 —— 2片
罐頭切塊番茄 —— 1/2罐
艾斯佩雷辣椒粉（Espelette）
　　—— 適量（或少許辣椒粉）
鹽 —— 1/4小匙
橄欖油 —— 1大匙

奶油煮青豆和葡萄柚

青豆（冷凍）—— 100g
葡萄柚 —— 1/2個
洋蔥 —— 1/4個
羅勒葉 —— 2～3片
奶油 —— 20g
鹽 —— 1撮

羅勒葉 —— 3～4片

[2人份]

1. 將雞腿肉均勻地撒上鹽，放入耐熱袋中，以65℃加熱60分鐘。

2. **製作奶油煮青豆和葡萄柚**。將葡萄柚去皮，取出果肉切成適當大小。將剩下的果囊擠壓出果汁（約2大匙）。將洋蔥切成薄片，羅勒葉切成細絲。

3. 在厚底鍋中放入奶油和洋蔥，以小火加熱。蓋上蓋子，以小火炒約10分鐘，直到洋蔥變軟，加入青豆和葡萄柚果汁繼續煮。當青豆煮熟後，關火，加入葡萄柚果肉、羅勒葉和鹽，輕輕攪拌均勻。

4. **製作PIPERADE**。將紅椒去籽和蒂，切成5mm寬的條。將洋蔥切成末，生火腿切成5mm寬的條。

5. 在厚底鍋中放入橄欖油、紅椒、洋蔥、生火腿和鹽，蓋上蓋子，以中火加熱。當鍋蓋縫隙冒出蒸氣時，轉至小火，並持續攪拌約10分鐘，直至材料變軟。加入切碎的罐頭番茄和適量的辣椒粉，再煮約10分鐘至收汁。

6. 將1的雞肉從袋中取出，用吸水紙擦乾表面水分，切成8塊。在平底鍋中倒入少量橄欖油（份量外），用中火煎雞皮面。

7. 將煎過的雞肉和袋中的汁液加入步驟5拌勻。將雞肉和奶油煮青豆和葡萄柚盛在盤中，撒上切碎的羅勒葉即可享用。

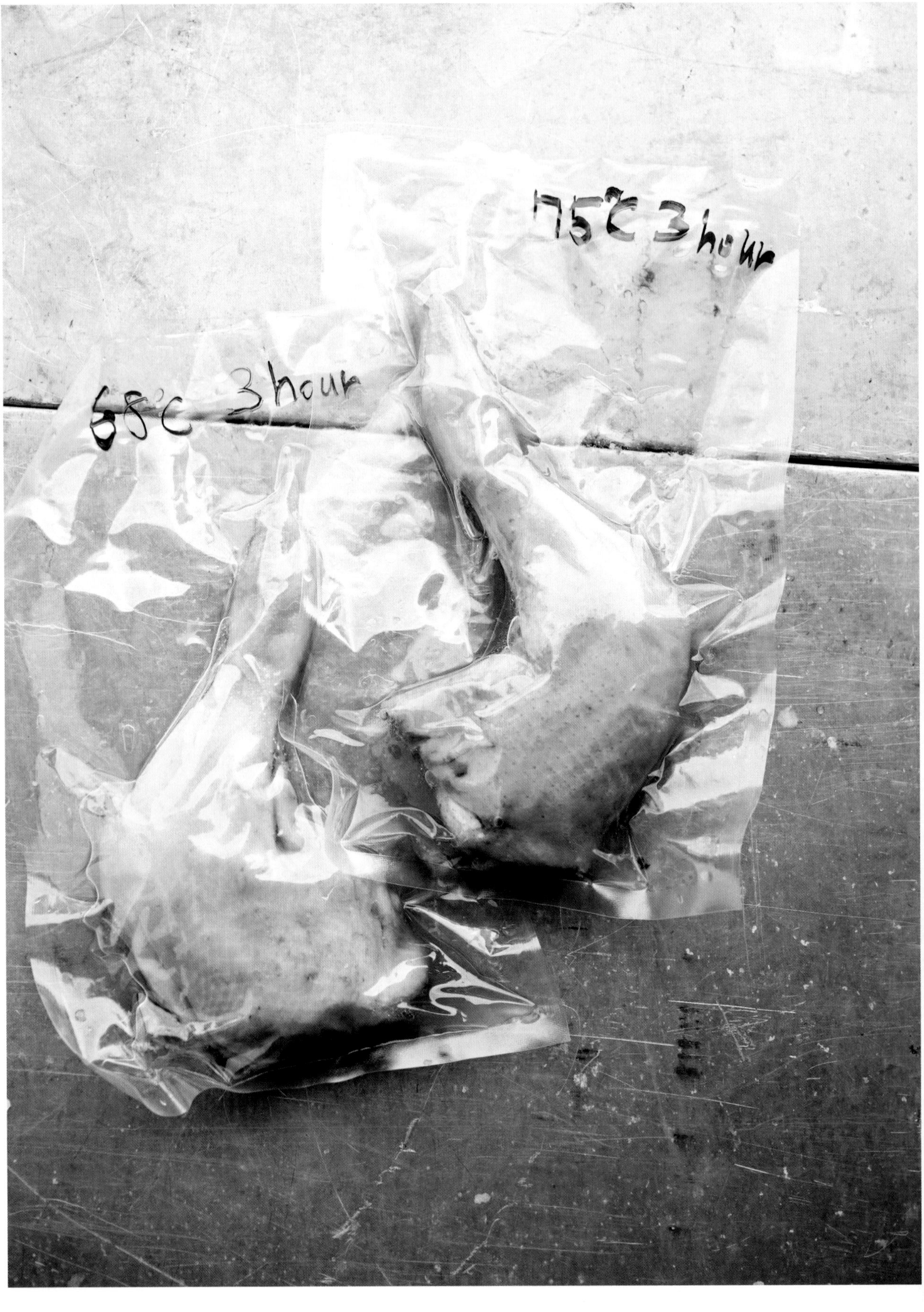
75°C 3hour
68°C 3hour

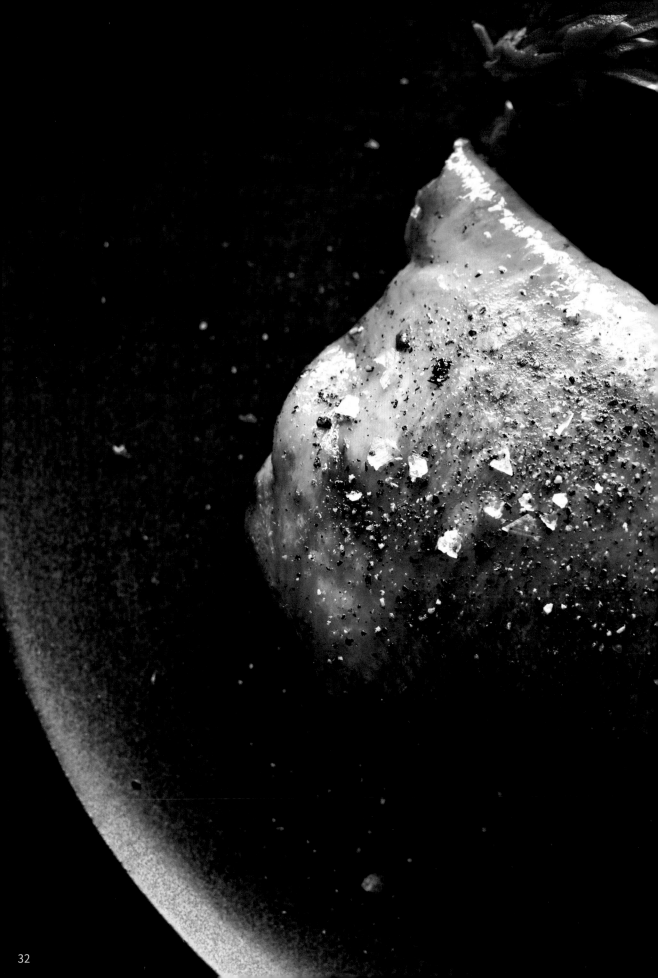

油封雞腿
醃漬紫高麗菜

CHICKEN CONFIT
PICKLED PURPLE CABBAGE

RECIPE > P.35

煎帶骨雞腿佐檸檬香草碎
杏桃風味的法式胡蘿蔔沙拉

熟練的廚師更傾向於選擇帶骨的肉，而不是昂貴的里脊肉。這是因為帶骨的部位是動物常運動的地方，因此味道更加濃郁。然而，骨頭周圍的肉含有豐富的結締組織，即膠原蛋白，結締組織連結骨骼與肌肉，缺點是較硬。但是，如果長時間低溫加熱以分解膠原蛋白，就可以同時實現柔軟和濃郁的味道，即多汁感，從而消除這個缺點，這樣的烹飪方法就顯得完美。這次我們以68℃加熱3小時，但也可以考慮以75℃或82℃等不同的溫度加熱（高溫下也能夠達到柔軟的口感）。長時間加熱後的雞皮非常柔軟，但我們會在高溫的煎鍋（有溝的燒烤盤grooved iron plate，也叫grill pan）煎出酥脆的外皮。如果沒有燒烤盤，也可以使用平底鍋，甚至可以在戶外的炭火上烤。在這種情況下，將雞肉冷卻一下可以減少沾黏。將低溫烹調應用於燒烤中，可以確保肉類不會夾生。提起「Gremolata」（由義大利巴西利、大蒜和檸檬皮製成）這個義大利料理中經典的肉類調味料，也可用於其他肉類料理，因此記住此配方會很有用。

帶骨雞腿肉 —— 1隻
鹽 —— 雞肉重量的1%

檸檬香草碎
義大利巴西利 —— 2大匙（切碎）
大蒜 —— 1小匙（切碎）
檸檬皮 —— 少許
辣椒 —— 1/4條
鹽 —— 少許

杏桃風味的法式胡蘿蔔沙拉
胡蘿蔔 —— 1根
乾杏桃 —— 30g
義大利巴西利 —— 1大匙（切碎）
橄欖油 —— 1又1/2大匙
美乃滋 —— 1大匙
白葡萄醋 —— 1小匙
鹽 —— 少許

[2 人份]

1. 雞肉撒上鹽，放入耐熱袋中，以68℃加熱3小時。

2. **製作杏桃風味的法式胡蘿蔔沙拉**。用刨絲器將胡蘿蔔刨成絲，將乾杏桃切碎。兩者放入碗中，加入義大利巴西利和調味料，輕輕拌勻。

3. **製作檸檬香草碎**。將檸檬皮刨成絲，將辣椒去籽後切碎。兩者放入碗中，加入義大利巴西利、大蒜和鹽，混合均勻。

4. 取出1的帶骨雞腿，用吸水紙擦去表面的水分。塗上少量橄欖油（份量外）（A），在燒熱的燒烤盤上（B）以大火煎烤至雞皮面呈金黃色後翻面，兩面都煎烤到金黃色後，將雞腿和胡蘿蔔沙拉盛盤，撒上檸檬香草碎。

*如果沒有燒烤盤，也可以用平底鍋煎。在這種情況下，只需煎雞皮那一面。

A

B

CHICKEN

34　[帶骨雞腿] ○多汁→68℃ & 3hr. ○軟到可以用叉子撕開→75℃ & 3hr. ○燉煮料理的軟度→75℃ & 5hr.

油封雞腿
醃漬紫高麗菜

帶骨雞腿的油封（confit）是法式小餐館的經典菜餚。雖然帶骨雞腿在68℃下經過3小時的烹調已經完成，但將帶骨雞腿加熱至75℃～85℃，再烹調3小時，才能獲得油封特有的柔軟口感。同樣地，雞的心和肝臟也可以用相同的方法製作，放入冷凍可保存1個月。與燒烤一樣，重要的是在最後的烹調階段中，充分煎烤雞皮部分，突顯香氣與美味之處。最後的烹調使用液體油也可以，但使用奶油可以呈現出美麗的焦色，並增添風味。奶油中含有乳清蛋白（以及水分），成為風味和香氣的來源。醃漬紫高麗菜可以為肉類料理增添生動且具有活力的色彩。由於可以保存，因此製作時可以多做一些增添生動以供日後使用（雖然這裡寫可冷藏4～5天，但只要注意衛生，可以保存更長時間）。由於採用北歐風味調味略甜，因此糖的用量可以根據個人口味調整。如果沒有紫色高麗菜，也可以用紫洋蔥進行製作。醬汁也可以搭配芥末醬。

帶骨雞腿 —— 1隻
鹽 —— 雞肉重量的1%
迷迭香 —— 1枝

醃漬紫高麗菜（容易製作的份量）
紫高麗菜 —— 約1/4顆（約200g）
細砂糖 —— 100g
白葡萄酒醋 —— 100mℓ
水 —— 100mℓ
大蒜 —— 1瓣
鹽 —— 1小匙

片狀鹽（或喜好的鹽）—— 適量
黑胡椒 —— 適量

[2人份]

1. 帶骨雞腿撒上鹽，放入耐熱袋中，以75℃加熱3小時。

2. **製作醃漬紫高麗菜**。將紫高麗菜切成細絲，放入碗中。在小鍋中放入細砂糖、白葡萄酒醋、水、鹽，再加入切半並去芽的大蒜，用中火慢慢攪拌。當細砂糖溶解並開始沸騰時，將熱汁淋在紫高麗菜上，緊密覆蓋保鮮膜，靜置待涼。冷卻後放入冰箱冷藏2～3小時（可以裝入乾淨的瓶子中，冷藏保存4～5天）。

3. 取出1的帶骨雞腿，用吸水紙吸乾表面水分。在平底鍋中加入1小匙的橄欖油（份量外），用中火從雞皮那一面開始煎。當皮面呈現焦黃色時，翻面（**A**）。關火後，加入1小匙的橄欖油或10g奶油（均份量外）和迷迭香。淋上油脂與香氣後，將雞肉、迷迭香和醃漬紫高麗菜盛盤，撒上少許片狀鹽和黑胡椒。

袋中剩下的汁液可以倒入瓶子中保存。當溫度降低後，液體和脂肪會分離。液體可用來做湯，而脂肪則可以用來炒菜或炒飯，非常美味。

—
A

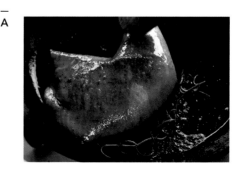

不用油也能做到嗎。

「雞腿肉的油封Confit」

「Confit」一詞的語源是法語＝CONFIRE，意思是保存。最初指的是水果的糖漬，但後來也漸漸用於指肉或魚，以油燜煮的烹飪方法。傳統的Confit方法是將肉塞進陶製容器中，注入豬油、鴨油或鵝油，在低於100℃的溫度下加熱。當冷卻時，脂肪會凝固，阻斷空氣，因此可以長期保存。在低溫烹調和真空烹調普及之前，人們已經確實使用這樣的方法。

然而，有一個常見的誤解是，「Confit」是透過油脂加熱使肉吸收油脂而變得濕潤。仔細想一想，油脂分子比水分子大得多，無法進入肉的纖維組織中，因此這種說法是錯誤的。

事實上，Confit的關鍵在於溫度而不是油。我們準備了兩塊相同的帶骨雞腿，同樣調味，一塊直接裝入耐熱袋加熱，另一塊則注入油後放入耐熱袋中加熱。完成後，我們將兩塊帶骨雞腿的表面都用油煎一下，結果發現它們的味道完全一樣。Confit使肉變得濕潤不是因為油脂，而是因為適當的加熱溫度。

這樣一來，與使用油脂在一般爐子或低溫烤箱中進行加熱相比，使用耐熱袋進行低溫烹調更合理，因為它可以避免溫度不均勻且保持溫度穩定。如果你想要鴨油或豬油的風味，可以在最後的煎烤過程中添加，或者在煎烤後直接塗抹在表面即可。

至於保存呢？ Confit之所以適合長期保存是因為油脂能夠阻斷空氣，如果你把它真空包裝後加熱，也能達到同樣的目的。因此，如果可以利用耐熱袋烹飪，那麼使用（稍微昂貴的）鴨油或鵝油是不划算的。

另外，有人認為Confit靜置時間越長越美味。但是，經過加熱處理後，肉的酵素都已流失，而且隨著時間的推移，油脂也會氧化。廚房科學專家哈洛德・馬基（Harold McGee）在《McGee Kitchen Science》一書中提到：「存放時間較長的Confit會有油脂氧化和輕微的腐臭味。這也是一種傳統的風味。」如前所述，就我個人而言，希望避免油脂的氧化和腐爛氣味。 不管完成後能保存多久，最好盡快吃完，不要在冰箱裡放太久。 也建議冷凍，因為它可以防止脂肪和油的氧化以及肉類的腐敗。

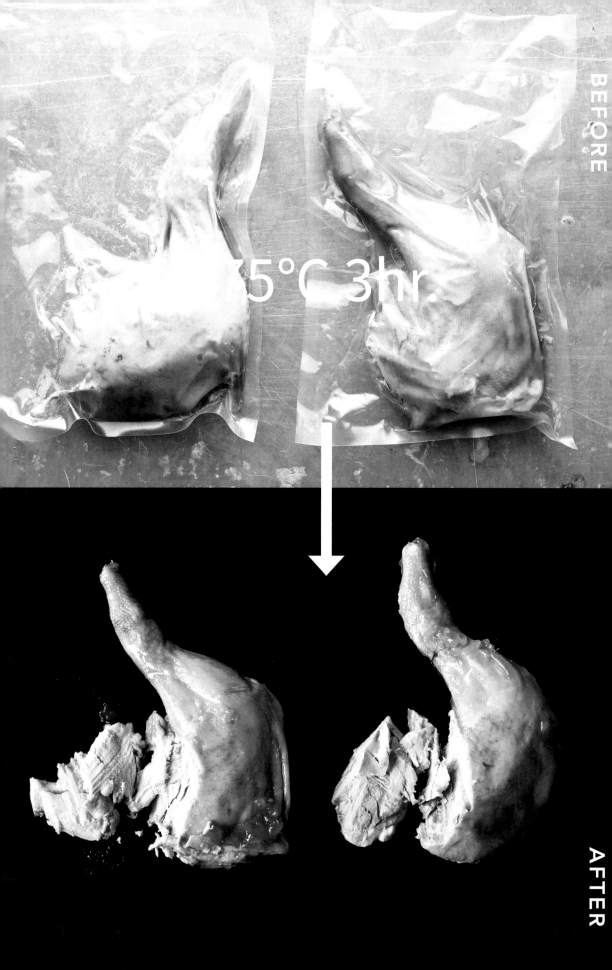

75°C 3hr.

近年來，由於品種改良和飼料的進步，豬肉的品質有了顯著的提升。肉質變得更加柔軟，更為多汁。優質的豬肉具有緻密的肉質，呈淡粉紅色，而脂肪呈白色。由於豬肉脂肪的融點介於28℃～48℃之間，接近人體的體溫，因此可以充分品味到脂肪的美味。選擇瘦肉與脂肪平衡的部分會更好，例如五花肉和肩肉等部位。由於豬肉的風味較溫和，因此搭配大蒜和香草等調味，可以使味道更加豐富多變。

〈 豬里脊 〉
＊1.5cm或2cm厚1片約140～150g。

	厚度	溫度	時間
淡粉紅色、柔軟	1.5 cm	55℃	30min.
	2 cm	55℃	45min.
淡粉紅色、稍微緊實	1.5 cm	57℃	30min.
	2 cm	57℃	45min.
富有彈性，口感好	1.5 cm	60℃	30min.
	2 cm	60℃	45min.

〈 豬里脊 (整塊) 〉
＊6cm厚約500g。

	溫度	時間
切面淡粉紅色、多汁	58℃	4hr.
柔軟、豬肉特有的纖維感	62℃	3hr.
切面呈淡白、粉紅色，肉的口感	70℃	2hr.

〈 豬肩肉 (整塊) 〉
＊3cm厚約300g。

	溫度	時間
多汁、有嚼勁	60℃	8hr.
多汁、柔軟	65℃	8hr.

〈 豬五花 (整塊) 〉
＊3cm厚約400～500g。

	溫度	時間
柔軟、有嚼勁	72℃	24hr.
用叉子就可以撕開的柔軟度	80℃	7hr.

豬排佐蘋果醬
羽衣甘藍沙拉

**PORK CHOPS with APPLESAUCE
KALE SALAD**

RECIPE > P.44

波本威士忌煎豬排
佐煎桃子 & 四季豆

**BOURBON WHISKEY SAUTEED PORK CHOPS
SAUTEED PEACHES & GREEN BEANS**

RECIPE > P.45

豬排佐蘋果醬
羽衣甘藍沙拉

過去，人們普遍認為豬肉存在著寄生蟲，像是豬肉條蟲，因此強調「必須要煮至全熟」。然而，現今流通的豬肉已經沒有這樣的風險，只要像其他肉類一樣正確烹調，就是安全的食材。當然，豬肉存在肝炎病毒（hepatitis virus）的風險，因此需要充分加熱，但是過熟會使肉汁流失，變得乾硬。為了享用到品質優良的豬肉，我們需要注意加熱溫度。2011年，美國農業部（USDA）將豬肉的基準加熱溫度，從以前與碎肉等相同的71℃下調至63℃，再加上3分鐘的靜置時間，這與牛肉和羊肉的加熱標準相同。實際上，豬肉需要加熱到稍高的溫度，才能保持口感和風味，但是USDA改變了對微生物學上安全性的看法，這是一個重大的轉變。在這裡的食譜，將豬肉以57℃加熱45分鐘。在此階段，豬肉尚未低溫滅菌，因此加熱不足，但在最後香煎的過程中，將中心溫度提高到68℃～70℃，以確保安全性（因此請連續進行〈低溫烹調〉→〈最後的加熱〉）。透過利用低溫烹調作為傳統加熱的延伸，可以減少直接加熱夾生的可能性。

豬里脊肉（2cm厚）——2片
鹽 —— 豬肉重量的1%

蘋果醬（方便製作的份量）
蘋果 —— 1個
水 —— 50㎖
奶油 —— 15g
鹽 —— 3g
白葡萄酒醋 —— 1小匙

羽衣甘藍沙拉
羽衣甘藍 —— 100g
葡萄乾 —— 20g
帕馬森乳酪（Parmesan）—— 10g
橄欖油 —— 2大匙
檸檬汁 —— 1大匙
鹽 —— 少許
黑胡椒 —— 適量

[2人份]

1. 豬里脊肉先用鹽塗抹，放入耐熱袋中，以57℃加熱45分鐘。

2. **製作蘋果醬**。將蘋果去皮、去核切成薄片。在小鍋中放入蘋果片和剩餘的材料，蓋上鍋蓋，用中火加熱。當出現蒸氣時，轉至小火，煮2～3分鐘。當蘋果變軟後，放入食物料理機中打成順滑的泥狀。

3. **製作羽衣甘藍沙拉**。將羽衣甘藍去莖切成絲狀。將帕馬森乳酪磨碎。將兩者放入碗中，加入葡萄乾和剩餘的調味料，輕輕拌勻。

4. 將1的肉從袋中取出，用吸水紙巾擦乾表面水分（**A**）。在平底鍋中倒入少量橄欖油（份量外），用大火煎至一面金黃後取出（**B**）。將蘋果醬均勻塗抹在盤中，然後放上煎好的豬里脊和羽衣甘藍沙拉，撒上黑胡椒（份量外）。

【豬里脊肉】＊1.5cm或2cm，1片140～150g。○粉紅色且柔軟→55℃&30min.（1.5cm）or 45min.（2cm）
○稍微帶粉紅色且柔軟→57℃&30min.（1.5cm）or 45min.（2cm）○有彈性且口感良好→60℃&30min.（1.5cm）or 45min.（2cm）

波本威士忌煎豬排
佐煎桃子 & 四季豆

日本的食用肉類加熱溫度標準為63℃・30分鐘以上，或與此相等的加熱時間。這個標準原本是針對「肉製品」，例如火腿和香腸等的標準，甚至比被認為是最安全，美國農業部（USDA）（參考左頁）63℃＋3分鐘持續加熱時間的標準，日本的規範更加謹慎嚴格。政府確保安全當然是必要的，但不必過度擔心。關鍵在於同等的加熱時間，以「63℃加熱30分鐘」所得到的安全水準，在計算上相當於「70℃加熱1分鐘」，「75℃加熱5秒」。換句話說，像這樣將中心溫度加熱至68℃，並採取充分安全的持續加熱時間，就可以確保安全。豬肉和蘋果是常見的搭配，但這次我們使用桃子來做點變化。這是一道夏季的菜餚，但由於使用罐裝的桃子，所以全年都可以做。罐裝桃子通常給人一種甜甜的印象，但經過適當的烹煮後，糖分會焦化，味道更加豐富。再加上波本威士忌的桶香和澀味，可以平衡甜味。酒精可以保存很長時間，所以買一些備用會很方便。如果沒有波本威士忌，也可以使用白蘭地、馬薩拉酒，或者是30㎖白葡萄酒加上20㎖味醂來代替。最後，稍微加點奶油或醬油，味道更加豐富。柔軟的桃子作為醬汁，搭配上豬肉的軟嫩口感，會讓整道菜更加美味。

豬里脊肉（2cm厚）——2片
鹽 —— 豬肉重量的1%
四季豆 ——80g（去老莖）
橄欖油 ——1小匙

煎桃子
桃子罐頭 ——1小罐
迷迭香 ——1枝
波本威士忌 ——50㎖
鹽 —— 少許

【2人份】

1. 豬里脊肉撒上鹽，放入耐熱袋中，以57℃加熱45分鐘。

2. 將豬里脊肉取出，用紙巾擦乾表面水分。在平底鍋中倒入橄欖油，將豬肉和四季豆排列在一起，用大火煎豬里脊肉單面至香脆，然後一同盛盤。

3. 在同一平底鍋中，加入已瀝乾水分的桃子繼續煎。當桃子充分加熱後，加入袋中的汁液、迷迭香和波本威士忌，稍微收汁（**A**），用鹽並加入橄欖油（份量外）調味。請注意，酒精可能會產生焰燒。

4. 將桃子和迷迭香放在豬肉上，再淋上鍋中的汁液。

—
A

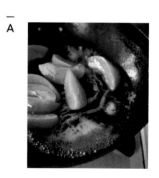

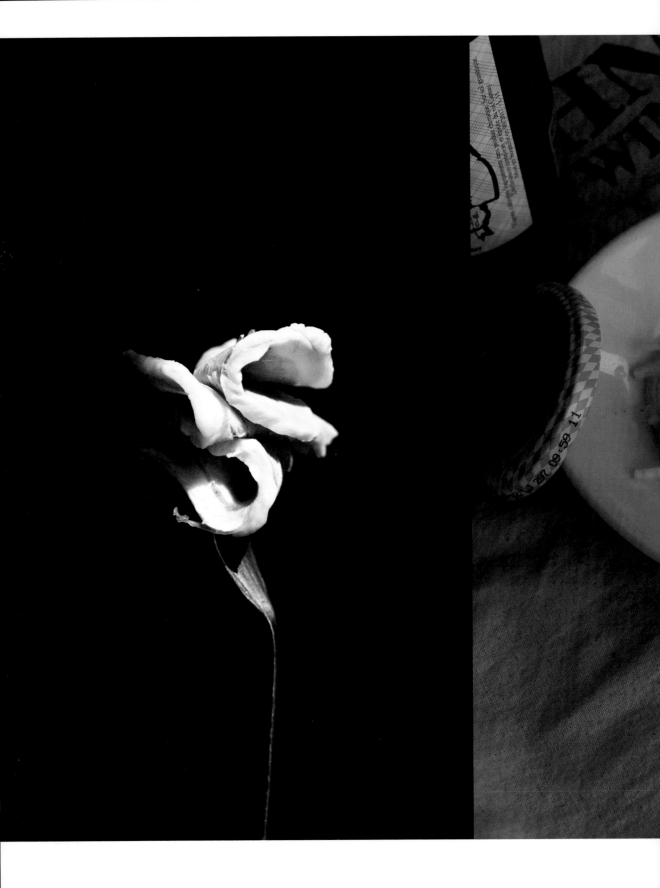

自製豬里脊火腿

HOMEMADE PORK LOIN HAM

RECIPE > P.50

烤豬里脊佐西班牙臘腸＆鮭魚卵醬汁
燉洋蔥

ROASTED PORK LOIN with CHORIZO & SALMON ROE SAUCE
BRAISED of ONION

RECIPE > P.51

自製豬里脊火腿

火腿是將鹽漬豬肉煮熟的食品。從古至今，"鹽漬"是一直用來保存食物的方法。分為乾鹽法和濕鹽法兩種，乾鹽法是將鹽、糖、香料等混合後直接塗抹在肉上，然後放置一段時間；而濕鹽法是將肉浸泡在含有鹽、糖、香料等的溶液中（這種溶液被稱為醃漬液或滷水）。直接塗抹鹽，由於可能會塗抹不均或肉中的水分會稀釋鹽的濃度，因此保存效果較差，所以濕鹽法更為優越。這次使用了豬里脊肉製作火腿，但也可以使用豬腿肉，或者使用肩肉，味道會有所不同。通常火腿會採用煮熟的方式，但以低溫烹調，會放入耐熱袋中加熱，所以保留了食材的鮮味。然而，根據浸泡滷水的時間，火腿的鹹味有時會增加，如果出現這種情況，可以將火腿浸泡在鹹度淡的湯中（使用溶解在水中的高湯粉即可），然後放入冰箱一晚調整鹹度。這樣製作的火腿可以直接食用，也可用於三明治或沙拉的配料，而且如果是剛做好的，也可作為主菜。若要將火腿作為主菜，最好搭配馬鈴薯泥一起享用。

豬豬里脊（6cm厚）——500g

醃漬液

冷水——1ℓ
鹽——50g
砂糖——30g
月桂葉——1片

酸菜、辣根醬（管裝）、浸泡過水的洋蔥片——各適量

[容易製作的份量]

1. **製作醃漬液**。將所有材料放入碗中攪拌混合。待鹽和糖完全溶解後，與豬肉一起放入密封袋中，密封好後放入冰箱醃漬3天以上（每天翻面，偶爾揉搓）。

2. 取出豬肉，浸泡在流水中30分進行去鹽。用吸水紙巾擦乾表面水分，然後用棉線捆成圓柱狀。放入耐熱袋中，以70℃加熱2小時，然後用流水冷卻。

3. 取出熟火腿，切成薄片並擺盤。可以根據喜好添加酸菜、辣根醬、浸泡過水的洋蔥片。

【豬里脊（整塊）】＊6cm厚約500g。
○切面淡粉紅色、多汁→58℃ & 4hr. ○柔軟、豬肉特有的纖維感→62℃ & 3hr. ○切面呈淡白、粉紅色，肉的口感→70℃ & 2hr.

烤豬里脊佐西班牙辣腸 & 鮭魚卵醬汁
燉洋蔥

最近，在餐廳裡越來越流行，將整塊的烤肉（Roasted）切半「露出切面」，雖然會流失一些香氣，但這樣做能更清楚地展現肉質的優越性。這道料理豬肉的品質差異非常明顯，所以要選用最優質的豬肉。透過低溫長時間的加熱，可以增加肉的風味和與豬肉鮮味相關的胜肽（Peptide）等成分。在調味料中添加砂糖是為了增強顏色，突顯截面的淡粉紅色。洋蔥的燉煮也是在耐熱袋中進行水煮加熱，但也可以在有蓋的鍋中以小火燉煮，注意不要燒焦，如果快燒焦，可加水調節。西班牙辣腸（chorizo）的油與鮭魚卵是一種新的風味組合，醬汁中的西班牙辣腸和新鮮鮭魚卵相互融合，帶來嶄新的風味。西班牙辣腸帶出辣度與香氣，鮭魚卵為醬汁增添濃郁。請使用半乾燥（像切成薄片的義式臘腸salami出售）或新鮮的西班牙辣腸。鮭魚卵一旦加熱就會變硬，所以要注意溫度。最後添加青蔥，如果用切碎的細香蔥（chives），味道會更加豐富。你也可以將煮沸的高湯100㎖、鮮奶油40㎖、雞油20g（或20g奶油）放入食物料理機中攪拌，然後加入鮭魚卵，做成一道醬汁。值得一提的是，這種醬汁也非常適合搭配雞肉。

豬肉（3cm厚）── 300g
鹽 ── 豬肉重量的1%
砂糖 ── 豬肉重量的2%

西班牙辣腸 & 鮭魚卵醬汁
西班牙辣腸（新鮮或半乾燥）── 35g
橄欖油 ── 100g
鮭魚卵 ── 30g
青蔥 ── 1～2根（切碎）

燉洋蔥
洋蔥 ── 1個
培根 ── 2片
水 ── 1大匙
奶油 ── 5g
鹽 ── 1撮

喜歡的葉菜（山葵葉、芥菜、生菜嫩葉、芝麻葉等）
── 適量
寒造里Kanzuri（かんずり）* ── 適量

【2人份】

*編註：寒造里（かんずり）是日本新潟產辣椒、米麴（糀），柚子，鹽製成的發酵調味料。

1. 豬肉用鹽和糖調味後放入耐熱袋中，以58℃加熱3小時。

2. **製作燉洋蔥**。將切半的洋蔥、切成3cm寬的培根和其餘材料放入耐熱袋中（**A**），以85℃加熱1小時（若提高至90℃，則更加軟嫩）。

3. **製作西班牙辣腸 & 鮭魚卵醬汁**。將西班牙辣腸和橄欖油放入料理機中攪打後倒入小鍋，用慢火加熱。煮沸後關火，加入青蔥，待涼。稍稍降溫後加入鮭魚卵（**B**）。

4. 取出**1**袋中的豬里脊，用廚房紙巾吸乾表面水分。在平底鍋中倒入少量橄欖油（份量外），用大火將豬肉兩面煎至金黃香脆，切成適當大小。切面朝上擺盤，搭配燉洋蔥、葉菜和寒造里，淋上西班牙辣腸 & 鮭魚卵醬汁即可。

A
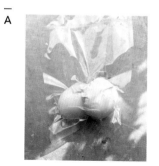

B

「里脊料理使用低溫烹調和烤箱烘烤，哪個更美味呢？」這是一個非常難回答的問題。間接加熱的烤箱烘烤適用於整塊肉，因為它可以均勻地加熱。特別是在125°C以下的烤箱中烘烤，肉表面變乾需要一段時間，這時慢慢蒸發的水分會帶走周圍的熱量，這種現象稱為＝氣化熱（就像在炎熱的夏天澆水會感覺涼爽一樣）。結果是肉表面溫度下降，可以在大約70°C的溫度下慢慢加熱。慢慢加熱的好處是有更寬裕的時間來達到理想的熟度。

低溫烹調和烤箱烘烤之間的最大區別，是水分的蒸發率。與利用水分蒸發產生的氣化熱來慢慢加熱的烤箱烘烤不同，低溫烹調時水分不會蒸發，因此最終產品會更加濕潤。然而，由於水分沒有散失，有些人可能會覺得這樣的口感"水水的"或者"像是蒸過的味道"。當然，透過在低溫烹調的最後加熱階段蒸發水分，可以解決這個缺點。總之，每種烹調方法都有其利弊，根據所追求的成品口感，來選擇使用不同的方法有其必要。

食譜書中很少提及，但在實際烹調時，「水分」對結果有很大影響。許多食材含有水分，蒸發這些水分需要大量能量。低溫烹調時，食材被放在耐熱袋裡加熱，因此濕度的影響就消失了。這就是低溫烹調食譜具有高度「可再現性」*的原因。「哪一種更美味」這樣的問題沒有一個確定的答案，但低溫烹調確實具有「高度可再現性和穩定的味道」。

＊是指使用相同的食譜和方法能夠再次製作出相似的菜餚。

COLUMN ❸　　驗證低溫烹調和烤箱的火候。

「豬里脊（厚度2cm）」

炒豬里脊佐薑味醬
玉米飯

低溫烹調豬里脊 —— 1片
沙拉油 —— 1大匙
奶油 —— 10g

薑味醬
奶油 —— 20g
大蒜 —— 1/2瓣（切末）
薑 —— 1片（切末）
青蔥 —— 1大匙（切碎）
醬油 —— 2小匙
清雞湯 —— 100㎖
黑胡椒 —— 適量
太白粉水 —— 適量

玉米飯
米 —— 150g
玉米罐頭（全粒）—— 50g（淨重）
玉米茶 —— 200㎖
鹽 —— 1/4小匙

[2 人份]

1. **製作玉米飯**。將米洗淨後浸泡30分鐘以上，瀝乾水分。

2. 使用有蓋的鍋子，將米和其他材料放入，中火加熱。待水沸騰後轉小火，煮8～10分後關火，靜置10分鐘蒸熟。最後攪拌一下，讓蒸氣釋放。

3. 將低溫烹調好的豬里脊從袋中取出，用廚房紙巾擦乾表面的水分。

4. 在平底鍋中倒入沙拉油和奶油，用大火將豬里脊的兩面煎至金黃香脆。

5. **製作薑味醬**。平底鍋擦拭乾淨，中火融化奶油，加入切碎的大蒜和薑快速翻炒，加入醬油。當香味散發出來後，用清雞湯稀釋，加入青蔥和黑胡椒，最後用太白粉水勾芡。

6. 將煮好的玉米飯和切好的豬里脊盛盤，淋上薑味醬即可享用。

低溫烹調
57°C & 45min.

烤箱烘烤
110°C & 90min.

豬里脊肉（2cm厚）以其重量1%鹽和適量的黑胡椒均勻地撒在表面，然後放入耐熱袋中，在57°C下加熱45分鐘。

豬里脊肉（2cm厚）在脂肪處切幾刀。然後將1%重量的鹽和適量的黑胡椒均勻地撒在表面，在預熱至110°C的烤箱中烤90分鐘。

BBQ 風味烤豬肩肉
鳳梨柚子胡椒莎莎醬

**BBQ PORK BUTT ROAST
PINEAPPLE YUZU PEPPER SALSA**

RECIPE > P.58

燉豬肩肉＆白腰豆
STEWED PORK BUTT & WHITE BEANS
RECIPE > P.59

BBQ風味烤豬肩肉
鳳梨柚子胡椒莎莎醬

豬肩肉是我認為最適合低溫烹調的部位。這個部位是豬隻經常活動的地方，脂肪和膠原蛋白交織在一起，透過低溫烹調，可以使肉質變得濕潤，同時分解膠原蛋白轉化為明膠，因此，這種烹調方法可以使肉質變得令人難以置信地柔軟和多汁，像是界於燉煮和烤肉之間的口感。這裡的食譜寫8小時，但長時間加熱也沒問題，所以你可以在晚上開始加熱，早上就完成了，再放入冰水中迅速冷卻，然後冷藏保存，這樣就可以妥善利用空閒時間進行準備。烹調完成後的豬肉，塗上醬油味的BBQ醬再烤，可以帶出燒烤的香氣（五香粉的味道因人而異，你也可以不使用）。如果沒有烤箱，也可以用平底鍋煎。這道料理以具有辣味、酸味的鳳梨柚子胡椒莎莎醬來搭配濃郁口感的豬肉，莎莎醬（salsa）通常會加入切碎的新鮮青辣椒，但根據季節的不同，可能難以取得，因此我們使用了柚子胡椒作為替代品，柚子胡椒的份量可以根據個人喜好調整。

豬肩肉（3cm厚）——300g

BBQ醬
醬油 —— 50g
砂糖 —— 50g
蠔油 —— 10g
五香粉 —— 少許

鳳梨柚子胡椒莎莎醬
鳳梨 —— 150g
洋蔥 —— 1/4個
柚子胡椒 —— 1/2小匙
橄欖油 —— 2大匙
白酒醋 —— 1小匙
鹽 —— 1/4小匙

[2人份]

1. 將豬肉和BBQ醬的調味料放入耐熱袋中，以65℃加熱8小時。

2. **製作鳳梨柚子胡椒莎莎醬**。將洋蔥切成細粒，撒上鹽，靜置5分鐘，用廚房紙巾擦乾水分。將鳳梨切成5mm的小方塊。將兩者放入碗中，加入其餘的調味料，輕輕拌勻。

3. 取出1的豬肩肉，將醃漬汁放入小鍋中煮至收汁（**A**）。當煮至濃稠時，用刷子刷塗在豬肉表面（**B**），然後在預熱至250℃的烤箱中烤5～6分鐘。

4. 切成薄片，盛盤，搭配莎莎醬，並淋上剩下的醬汁。

也推薦蘸上芥末醬與白芝麻享用。

A

B
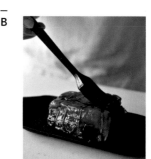

PORK

58　【豬肩肉（整塊）】＊3cm厚約300g。　○多汁、有嚼勁→60℃ & 8hr.　○多汁、柔軟→65℃ & 8hr.

燉豬肩肉 & 白腰豆

這是一道結合了白腰豆和豬肉的 Cassoulet（音譯：卡酥來）燉肉。Cassoulet 是一種法國料理，最初是用上了釉的陶製器皿 "Cassolet" 來裝盛製作。傳統的做法是將所有的配料放入鍋中，然後在壁爐的火上煨燉幾個小時，但這裡的食譜，我們將過程大大簡化，因為這樣肉的風味會更加濃郁。我們使用了市售的白腰豆罐頭，但如果使用乾豆粒的話，需要將 50g 的乾豆粒浸泡在充足的水中 7～8 小時，然後用小火煮 40～50 分鐘直到變軟後再使用（乾豆粒煮熟後會增加一倍的份量）。有些人在煮白腰豆時會添加月桂葉、洋蔥、胡蘿蔔、芹菜葉等材料，但我通常只單純煮豆粒，這樣豆子的香氣更加突出，口感也更清爽。除了白腰豆外，您也可以使用小扁豆（lentils）或鷹嘴豆（chickpeas）做出類似的燉肉鍋，只要使用手邊有的豆類即可。使用低溫烹調來預先處理燉肉，可以避免"燉煮不足"和"燉煮過度"的失敗，並使肉質更加軟嫩。只要有經過低溫烹調的肉和香腸，再加上洋蔥、番茄醬、罐頭等常備食品，就可以做出這道美味的料理。

豬肩肉（3cm 厚）── 300g

鹽 ── 豬肉重量的 1%

罐裝白腰豆 ── 1/2 罐（淨重 100g）

洋蔥 ── 1/2 個

西班牙辣腸 ── 2 根（100g）

番茄醬 ── 2 大匙

白酒醋 ── 1 小匙

橄欖油 ── 1 大匙

黑胡椒 ── 適量

[2 人份]

1. 先將豬肉撒上適量的鹽，放入耐熱袋中，以 65℃ 加熱 8 小時。

2. 洋蔥切成細粒，西班牙辣腸切成 1cm 寬。將罐裝白腰豆擦乾（保留罐頭湯汁 50㎖）。

3. 在鍋中倒入橄欖油，用中火炒洋蔥和西班牙辣腸。加入番茄醬、罐頭湯汁和白腰豆，轉小火煮 2～3 分鐘收汁。

4. 取出 1 的豬肩肉，用紙巾擦去表面水分，切成一口大小塊狀。在平底鍋中加入少量橄欖油（份量外），用大火煎至表面金黃，然後加入 3 的鍋中。攪拌均勻後立即關火，以白酒醋調味。盛盤，撒上黑胡椒即可。

-172°C
24Hour

義大利肉卷風格的無骨肉卷佐香醋＆紅酒醬
芝麻葉沙拉

PORCHETTA STYLE GRILLED BONELESS PORK BELLY
with BALSAMIC VINEGAR & RED WINE SAUCE
WILD ROCKET SALAD

RECIPE > P.64

燉豬五花佐醬油蜂蜜釉醬
馬鈴薯泥

BRAISED PORK BELLY with SOY - HONEY GLAZE SAUCE
POTATO PUREE

RECIPE > P.65

義大利肉卷風格的無骨肉卷佐香醋＆紅酒醬
芝麻葉沙拉

Porchetta是義大利的傳統料理。將豬肉以大蒜和香草調味後捲起來，長時間烤製而成。通常的做法是至少烤1.5～2公斤的肉，但使用低溫烹調法，就可以做出2人份的小份量。五花肉是選擇靠近肩部脂肪較少的部分。請選擇紅肉白肉較均衡的部位。由於低溫烹調可能會讓大蒜散發出不好的氣味，所以將其加入最後的步驟是關鍵（可以省略鼠尾草）。迷迭香浸泡在熱水中殺菌後使用，這是一個在其他菜餚中也可以應用的技巧。將耐熱袋中的汁液煮至濃稠，然後用水稀釋成醬汁是低溫烹調的基本技巧之一。在鍋底將脂肪加熱釋出，然後用紙巾吸取就可以輕鬆去除。巴薩米可醋（Balsamic）和紅酒煮成的酸甜醬汁很美味，但如果感覺不足，可以添加一些顆粒雞湯粉來增加風味。除了直接享用外，Porchetta也經常用來做義大利三明治「Panino帕尼尼」。將五花肉撕成絲，與莫札瑞拉乳酪（mozzarella）一起放在麵包中，烤一下，最後抹上市售的羅勒醬（pesto），就完成了。

豬五花肉（3cm厚）──400g
迷迭香──1根
（浸泡熱水後將葉片切碎）
檸檬皮──1/2個（磨泥）
鼠尾草──7～8片
大蒜──1瓣
鹽──適量
橄欖油──1大匙

香醋＆紅酒醬
巴薩米可醋──75㎖
紅酒──75㎖
蜂蜜──1小匙
奶油──5g
鹽──少許
黑胡椒──適量

芝麻葉沙拉
芝麻葉──1束
橄欖油──1大匙
白酒醋──1小匙
鹽──少許
帕瑪森乳酪──10g

[2人份]

1. 豬五花肉為了方便捲起，稍微斜斜削去一側。內部撒上迷迭香和檸檬皮。捲成圓柱狀，用棉繩牢固地上下綁好。切成一半後，放入耐熱袋中，以72℃加熱24小時。

2. **製作芝麻葉沙拉**。將芝麻葉的硬莖部分剪掉，切成4～5cm寬。放入碗中，加入橄欖油拌勻。當油均勻沾附在葉片上後，加入白葡萄酒醋和鹽，輕輕拌勻。盛盤，撒上刨成絲的帕瑪森乳酪。

3. **製作香醋＆紅酒醬**。將步驟1耐熱袋中的汁液倒入小鍋中，以中火煮至脂肪浮起，盡可能地撈除。繼續以中火煮至鍋底出現褐色後（**A**），加入巴薩米可醋、紅酒和蜂蜜，繼續煮至收汁剩半量。關火，加入奶油、鹽和黑胡椒調味。

4. 取出步驟1的豬五花肉卷，用紙巾擦乾表面水分。在平底鍋中倒入橄欖油，中火燒熱後，煎五花肉卷、鼠尾草和壓碎的大蒜（**B**）。撒上少許鹽，煎至呈金黃色。如果鼠尾草快要焦黑，可放在肉卷的上方。盛盤，淋上醬汁，配上芝麻葉沙拉享用。

A

B

PORK

【豬五花（整塊）】＊3cm厚約400～500g。
○柔軟、有嚼勁→72℃ & 24hr. ○用叉子就可以撕開的柔軟度→80℃ & 7hr.

燉豬五花佐醬油蜂蜜釉醬
馬鈴薯泥

當豬肉以80℃加熱7小時以上，口感會變得極為柔嫩。醬油和蜂蜜為基礎的醬油蜂蜜釉醬是將喬埃‧侯布雄（Joël Robuchon）的食譜進行調整，我們也搭配了侯布雄的招牌之一——馬鈴薯泥。這次製作馬鈴薯泥的關鍵在於將所有材料放入耐熱袋中加熱。通常加熱的過程中，馬鈴薯會吸收水分，但這種方式則使用牛奶和奶油代替水，因此味道更加濃郁。雖然馬鈴薯的加熱時間設定為30分鐘，但實際上可以用更長時間，但要注意，如果馬鈴薯較老或屬於具黏性的品種，像是May-Queen，加熱時間可能會更長。一旦變得柔軟，就可以進行下一步。在過濾過程中要盡快進行，因為當馬鈴薯冷卻後，它會變得堅硬，這樣在過濾時會需要更用力，將導致細胞壁破裂，並釋放澱粉，澱粉會造成黏性，使口感變差，要特別注意。你也可以添加切碎的細香蔥（Chives）或乳酪來增添風味。

豬五花肉（3cm厚）——400 ～ 500g
鹽——豬肉重量的0.5%
玉米筍——4根
橄欖油——1小匙

醬油蜂蜜釉醬
大蒜——1/2瓣
醋——1小匙
醬油——50㎖
蜂蜜——1大匙或稍多
芥末籽醬——1大匙
橄欖油——1小匙

馬鈴薯泥
馬鈴薯——300g（淨重）
牛奶——100㎖
奶油——75g
鹽——1/3小匙

[2 人份]

1. 先將豬五花肉均勻撒上適量的鹽，靜置20 ～ 30分鐘。

2. **製作醬油蜂蜜釉醬**。將大蒜切成薄片，與醋混合，靜置3 ～ 4分鐘，然後將剩餘的材料全部混合在一起。

3. 將豬五花肉和3大匙的醬油蜂蜜釉醬放入耐熱袋中，在80℃下加熱7小時。

4. **製作馬鈴薯泥**。將馬鈴薯去皮，切成1cm厚的片。將馬鈴薯和其餘的材料放入耐熱袋中，在90℃下加熱30分鐘（**A**）。

5. 將煮熟的馬鈴薯倒入碗中，濾掉多餘水分，再放回碗中（**B**），用打蛋器攪拌至順滑（**C**）。蓋上保鮮膜保溫備用。

6. 將玉米筍以鹽水煮熟，拌上橄欖油。

7. 取出豬五花肉，切成適合入口的厚度。將袋中的汁液與剩餘的醬油蜂蜜釉醬放入小鍋中煮至稍微變稠。

8. 在盤子中盛入馬鈴薯泥、玉米筍和豬五花，淋上步驟**7**的醬汁。

A

B

C
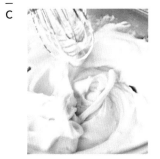

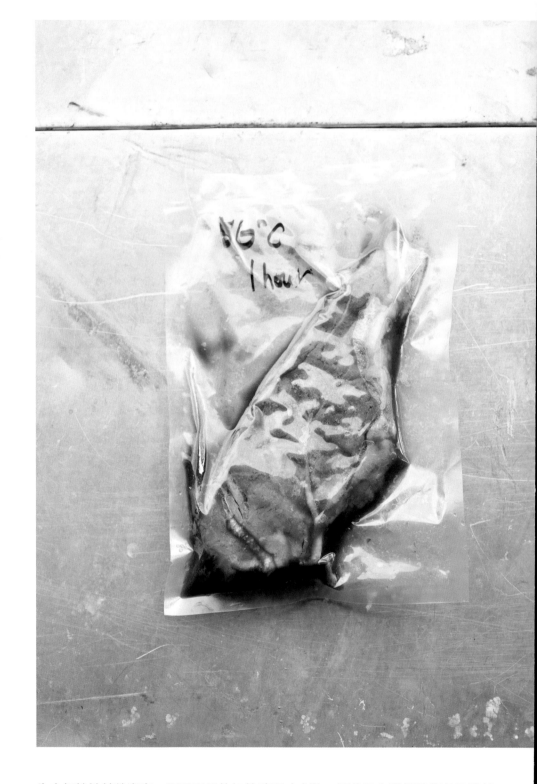

牛肉相較於其他家畜，需要更長的加熱時間才會熟，因此具有濃郁的顏色和馥郁的風味。在日本流通的牛肉主要分為和牛、國產牛（包括和牛）和進口牛。和牛以霜降肉著稱，豐富的脂肪是其特點，而且即使經過烹調也不易變得乾硬。進口牛則根據生產國的不同具有各種特點，但整體來說，脂肪含量較少。無論哪種牛肉，都擁有自己的獨特風味，因此適合簡單的烹飪方式。

〈 牛排用肉 〉

	厚度	溫度	時間
Rare 一分熟	1.3cm	50°C	30min.
	2cm	50°C	45min.
	2.5cm	50°C	60min.
Medium rare 三分熟	1.3cm	54°C	30min.
	2cm	54°C	45min.
	2.5cm	54°C	60min.
Medium 五分熟	1.3cm	56°C	30min.
	2cm	56°C	45min.
	2.5cm	56°C	60min.
Well done 全熟	1.3cm	60°C	30min.
	2cm	60°C	45min.
	2.5cm	60°C	60min.

〈 燉煮用牛肉 〉

＊燉牛肉塊（肩部里脊肉、五花肉、牛腱肉等）

	溫度	時間
具有纖維感和彈性	70°C	24hr.
柔軟但不會散開	75°C	24hr.
軟到可以用叉子鬆開	80°C	24hr.

沙朗牛排佐蕈菇醬
奶油煮櫻桃蘿蔔

**SIRLOIN STEAKS with MUSHROOM SAUCE
BUTTER - BRAISED RADISHES**

RECIPE > P.74

菲力牛排佐香辣綠花椰醬
特雷維索苦苣沙拉

**BEEF TENDERLOIN STEAKS with SPICY BROCCOLI SAUCE
TREVISO SALAD**

RECIPE > P.76

菲力牛排佐藍紋乳酪醬
焗烤千層馬鈴薯

BEEF TENDERLOIN STEAKS with BLUE CHEESE SAUCE
GRATIN DAUPHINOIS

RECIPE > P.77

沙朗牛排佐蕈菇醬
奶油煮櫻桃蘿蔔

牛肉料理中的經典莫過於牛排。雖然許多人認為牛排是在餐廳享用的美味，但透過低溫烹調，您在家中也可以次次煎出完美的牛排。烹調溫度可以根據喜好調整在54℃～68℃之間。在這個溫度範圍內，您不必擔心肉過生或太熟，但如果肉較薄的話，在最後的烹調階段可能會過熟，因此需要注意。牛肉料理的關鍵在於將不同的風味結合在一起，我們搭配上奶油煮櫻桃蘿蔔和蕈菇醬。選擇櫻桃蘿蔔，是因為櫻桃蘿蔔中含有的硫化合物能夠突顯肉的風味。這種組合不僅因為櫻桃蘿蔔與長蔥或洋蔥等一樣，含有硫化合物而相輔相成，而蕈菇類中含有的谷氨酸和磷酸鳥苷，與牛肉的肌苷酸具有協同效應，非常適合。這道料理很簡單，因此肉的品質差異非常明顯。如果選擇帶有細膩脂肪的和牛或國產牛肉，肉質會變得柔軟多汁；而選擇進口牛肉則可能會更柔軟，但同時也能品嚐到嚼勁十足的美味。這裡使用橄欖油作為最後烹調的材料，但如果使用奶油，將會增添香氣和風味，尤其適合進口牛肉。

沙朗牛肉（2.5cm厚）──2塊
鹽──牛肉重量的1%

蕈菇醬
舞菇──1/2包
鴻喜菇──1/2包
香菇──4片
大蒜──1瓣（切碎）
白蘭地──1大匙
奶油──20g
鮮奶油（或水）──2大匙
鹽──1/4小匙
橄欖油──1/2大匙

奶油煮櫻桃蘿蔔
櫻桃蘿蔔──100g
奶油──10g
鹽──1撮

巴西利──適量（切碎）
片狀鹽（或喜好的鹽）──適量
黑胡椒──適量

［2 人份］

1. 牛肉上撒鹽，放入耐熱袋中，以56℃加熱1小時。

2. **製作奶油煮櫻桃蘿蔔**。將櫻桃蘿蔔澈底清洗，切成4到6等份的楔形。一起將奶油和鹽放入耐熱袋中，以90℃加熱30分鐘。

3. **製作蕈菇醬**。將舞菇用手撕成小塊，將鴻喜菇和香菇切去底部。將鴻喜菇切成適當長度，香菇切成7～8 mm寬的片。

4. 在平底鍋中倒入橄欖油，加入步驟3的菇類，中火炒至上色。加入切碎的大蒜繼續炒香。

5. 將菇類移到平底鍋的一邊，加入步驟1袋中的汁液（A）。撒上鹽，繼續翻炒，將水分揮發，加入白蘭地，焰燒去酒精。當肉汁的蛋白質凝結時（B），將整體混合均勻，讓肉的風味融入蕈菇中（C）。熄火，加入奶油和鮮奶油，用橡皮刮刀充分攪拌。

6. 將步驟1的牛肉取出，用吸水紙巾擦乾表面水分。在平底鍋中倒入少量橄欖油（份量外），用大火煎至兩面金黃香脆。切成適合的厚度，盛盤，淋上醬汁，擺上奶油煮櫻桃蘿蔔。最後撒上巴西利在蕈菇醬上，再撒上少許片狀鹽和黑胡椒在牛排上。

A

B

C

【沙朗牛排用牛肉】
○Rare 一分熟 → 50℃ & 1.3cm…30min. / 2cm…45min. / 2.5cm…60min.　○Medium rare 三分熟 → 54℃ & 1.3cm…30min. / 2cm…45min. / 2.5cm…60min
○Medium 五分熟 → 56℃ & 1.3cm…30min. / 2cm…45min. / 2.5cm…60min　○Well done 全熟 → 60℃ & 1.3cm…30min. / 2cm…45min. / 2.5min.

菲力牛排佐香辣綠花椰醬
特雷維索苦苣沙拉

當烹調高級的牛菲力（Beef tenderloin）時，我們都希望能成功而不失敗，但是，如果使用低溫烹調法，就完全不需要擔心了。如果選擇Rare一分熟的烹調方式，就可以享受到絲滑的口感。根據個人喜好，可以調整烹調溫度為56℃（Medium 五分熟）～ 60℃（Medium 五分熟至Well done 全熟）。烹調時間1小時是以肉的厚度2.5cm為基準，但如果厚度為3.5cm，則需要延長至90分鐘。以墨西哥辣椒（Jalapeños）增添辛辣味的綠花椰醬使得稍微淡雅的牛菲力變得更加豐富多樣。它看起來呈柔和的綠色，但吃起來卻帶有一絲辛辣的驚喜，這就是秘方。如果沒有墨西哥辣椒或是塔巴斯可辣醬（Tabasco），可以用山葵膏（wasabi）代替。將綠花椰放入攪拌機中打碎，成為光滑的泥狀，可以很好地沾裹在肉上，也可以不用攪拌機，將綠花椰切碎，不加水用奶油炒香，加入鹽和墨西哥辣椒等調味料。色彩鮮艷的托雷維斯苦苣（Trevis），是一種帶有些許苦味，風味濃郁的蔬菜，不會輸給牛肉的濃郁風味。這個沙拉的特色在於義大利巴薩米可醋（Balsamic）。如果沒有巴薩米可醋，也可以用少量蜂蜜加入紅酒醋來代替。

菲力牛肉（2.5cm厚）── 2片
鹽 ── 牛肉重量的0.6%

香辣綠花椰醬
綠花椰 ── 200g（淨重）
水 ── 50 ～ 100㎖
奶油 ── 20g
鹽 ── 2撮
醃漬墨西哥辣椒（Pickled）── 10g
或（少許塔巴斯可辣醬）

特雷維索苦苣沙拉
特雷維索苦苣（或紫甘藍）
　　── 1/4顆（100g）
洋蔥 ── 1小匙（切碎）
橄欖油 ── 1大匙
巴薩米可醋（Balsamic）── 1小匙
第戎芥末醬 ── 1小匙
鹽 ── 1/4小匙

黑胡椒 ── 適量

［2人份］

1. 牛肉撒上鹽，放入耐熱袋中，在54℃下加熱1小時。

2. **製作香辣綠花椰醬**。綠花椰切下花蕾，與其餘材料一同放入小鍋中，蓋上鍋蓋，用中火加熱。當沸騰時，轉小火，煮5分鐘。然後放入食物料理機中，打成滑順的泥狀。

3. **製作特雷維索苦苣沙拉**。將特雷維索苦苣切成片狀，放入碗中。加入其餘的材料，輕輕拌勻。

4. 將1的牛菲力從袋中取出，用吸水紙巾擦乾表面的水分，撒上少量的鹽（份量外）。在平底鍋中倒入少量的橄欖油（份量外），用大火煎至兩面呈現金黃色。將香辣綠花椰醬鋪在盤中，放上牛排和沙拉（**A**），撒上黑胡椒。

A
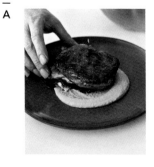

菲力牛排佐藍紋乳酪醬
焗烤千層馬鈴薯

在藍紋乳酪醬中添加白味噌作為隱味,可以減輕藍紋乳酪特殊的味道。搭配的配菜是加鹽燙熟的菠菜,和以微波爐加熱過的蒸茄子。過去,牛排往往會搭配用奶油炒的菠菜,但現代人更喜歡燙煮的,因為含有較少的脂肪。因此,我們在焗烤千層馬鈴薯中使用了優質的鮮奶油,使味道更加濃郁。用於焗烤千層馬鈴薯的馬鈴薯,最好選擇男爵或黃金男爵(Kita Akari)等澱粉質(味道濃郁)的品種。如果可能,建議您將馬鈴薯裹上報紙,然後放入塑膠袋等冷藏保存2個星期以上。在低溫下存放馬鈴薯可以將澱粉轉化為糖,增加甜味並改善口感。傳統焗烤千層馬鈴薯(Gratin dauphinois)的做法是將馬鈴薯片和牛奶、鮮奶油放入鍋中,煮至變軟,然後焗烤表面(Dauphinois)。這種做法需要注意避免燒焦,但使用耐熱袋進行低溫烹調則沒有這種困擾,而且煮汁也不會過度煮乾。最後添加牛奶泡沫可以增添奶香。

牛菲力(2.5cm厚)——2塊
鹽 —— 牛肉重量的0.6%
茄子 ——1顆
菠菜 ——4根

藍紋乳酪醬
鮮奶油 ——100㎖
藍紋乳酪(Bleu Cheese)——20g
白味噌 ——10g

焗烤千層馬鈴薯
馬鈴薯 ——2顆
鮮奶油 ——100㎖
鹽 ——1/4小匙
奶油 ——5g
牛奶 ——100㎖

黑芝麻 —— 適量
黑胡椒 —— 適量

[2 人份]

1. 將牛肉均勻地撒上鹽,放入耐熱袋中,以54℃加熱1小時。

2. 將茄子去皮,浸泡在水中,用保鮮膜包裹,以600W的微波爐加熱3分鐘,然後放入冷水中浸泡。將菠菜的莖和葉分開,用鹽水燙熟後放入冷水中降溫,取出擰乾水分。

3. **製作焗烤千層馬鈴薯**。削去馬鈴薯皮,切成5mm片。將馬鈴薯、鮮奶油和鹽放入耐熱袋中,以90℃加熱30分鐘。

4. 將3的材料從袋子中轉移到焗烤盤中,撒上切小丁的奶油,放入吐司小烤箱或以250℃預熱的烤箱中烤至表面呈現金黃色。

5. **製作藍紋乳酪醬**。在小鍋中加入鮮奶油和藍紋乳酪,中火加熱並不斷攪拌直至乳酪融化。融化後,關火並以白味噌調味。

6. 將1的肉從袋中取出,用廚房紙巾擦乾表面的水分,撒上少量鹽(份量外)。在平底鍋中倒入少量橄欖油,用大火煎至兩面呈現金黃色,然後切成喜歡的厚度。

7. 將切成4等份的茄子、菠菜和菲力牛排盛盤,淋上藍紋乳酪醬。在茄子上撒黑芝麻,在菲力牛排上撒黑胡椒。將焗烤千層馬鈴薯的牛奶用奶泡機加熱至起泡,然後舀在焗烤千層馬鈴薯上,佐牛排享用。

厚切牛肩排佐奇米丘里醬
炸薯片

THICK SLICED BEEF CHUCK STEAKS with CHIMICHURRI SAUCE
FRIED POTATOES

RECIPE > P.84

紅酒燉牛肉
奶油蘑菇義大利麵

BEEF STEW IN RED WINE SAUCE
CREAMY MUSHROOM PASTA

RECIPE > P.86

牛肉咖哩
奶油飯

**BEEF CURRY
BUTTER RICE**

RECIPE > P.87

厚切牛肩排佐奇米丘里醬
炸薯片

當你在超市看到美國等進口牛肉的厚切牛肩里脊肉時，往往會標示適合做牛排。然而，牛肩里脊肉是牛隻行走常活動的部位，因此中心處有厚的筋。在日本料理中，會把這些帶筋的肉切成薄片，用於涮涮鍋等菜餚，但是如果厚切煎熟，該部位會變得相對硬。但這些常活動的部位通常也含有豐富的風味，因此使用低溫長時間烹調的方法非常有效。這裡烹調的時間為24小時，但如果時間更長，如48小時，肉質會更加柔軟。由於是長時間加熱，要注意鍋中的水位不要因蒸發而降低太多。您可以提前一天進行烹調，完成後用冰水冷卻，放入冰箱保存，食用前再煎一下即可。這樣的牛肉並不像菲力牛排那樣嫩，但價格只需四分之一，可以品嚐到濃郁的牛排風味。以切碎巴西利和洋蔥為基礎的「Chimichurri sauce奇米丘里醬」是源自南美的牛排佐料，最近在世界各地的餐廳中變得流行，因此也將其加入。配上這種醬汁，紅肉顯得更加清爽，讓人欲罷不能。

牛肩里脊肉（3cm厚）—— 1塊
鹽 —— 牛肉重量的0.5%
大蒜 —— 1瓣
月桂葉 —— 1片
奶油 —— 15g

奇米丘里醬
紫洋蔥 —— 1/2個（切碎）
大蒜 —— 1瓣（切碎）
鹽 —— 1/2小匙
砂糖 —— 1/4小匙
平葉巴西利 —— 1包（切碎）
墨西哥辣椒（Jalapeño）—— 10g（切碎）
　或（少量塔巴斯可辣醬Tabasco）
紅酒醋 —— 1大匙
橄欖油 —— 2大匙
水 —— 2大匙
鹽 —— 少許

炸薯片
馬鈴薯 —— 2個
炸油 —— 適量

[2 人份]

1. 牛肉抹上鹽，放入耐熱袋中，以56℃加熱24小時以上。

2. **製作炸薯條**。將馬鈴薯澈底清洗，連皮切成1cm厚。浸泡於水中，用紙巾擦乾表面水分。鍋中倒入室溫的炸油，加入馬鈴薯片，用中火加熱。待冒出氣泡後轉小火，炸約20分鐘。

3. **製作奇米丘里醬**。紫洋蔥末和大蒜末加入鹽和糖，靜置10分鐘後用紙巾包裹擠乾水分。將所有材料放入碗中，拌勻即可。

4. 取出 **1** 的肉，用紙巾擦乾表面水分。在平底鍋中倒入1大匙橄欖油（份量外），放入牛肉、壓碎的蒜瓣、月桂葉和奶油，用大火煎至表面金黃（**A**）。翻面後再稍微煎一下。若大蒜快要焦黑，可將其放在肉上。

5. 將牛排盛盤，淋上醬汁。搭配炸薯片，撒上少許鹽（份量外）即可。

A

紅酒燉牛肉
奶油蘑菇義大利麵

紅酒燉牛肉（Bœuf bourguignon）是法國料理中的經典。但若是要在家裡做，會感覺有些麻煩。我們可以使用低溫烹調法，製作出完美的軟嫩口感和濃郁的醬汁。牛肩里脊可以在 75 ℃下烹調 24 小時，或者在 85 ℃下烹調 8 小時。前者會帶有一絲纖維感，後者則會達到完全燉煮後的軟嫩肉質。這個食譜的秘密在於添加了明膠粉的醬汁。鮮美的 Fond de veau（小牛肉高湯）成為醬汁的基底，因為小牛肉的味道不會太重，而且富含膠質，添加了明膠粉後，這一點更容易實現。煎炒至上色的洋蔥和燉煮的紅酒賦予了醬汁濃郁的顏色，因此，請不要疏忽這一個步驟。由於牛肩里脊是在耐熱袋中加熱，所以不必擔心煮汁會乾掉，只需放著就可以完成。醬汁加熱後融入了肉的美味，所以在最後可以根據需要調整濃稠度。因為肉已經撒了麵粉，所以醬汁會變稠，但如果仍覺得太稀，可以用水混合的玉米澱粉來調整稠度。

牛肩里脊肉（整塊）——300g
鹽 —— 牛肉重量的 1%
麵粉 —— 適量
小洋蔥（ペコロス）——2 個
奶油 —— 10g

紅酒醬汁基底
洋蔥 —— 1/2 顆（切成薄片）
紅酒 —— 500㎖
蜂蜜 —— 1 大匙
番茄醬 —— 1 大匙
細砂糖 —— 1 小匙
明膠粉 —— 10g

義大利麵
寬扁麵（Tagliatelle）——100g
蘑菇 —— 1/2 包（50g）
奶油 —— 20g
帕馬森乳酪（Parmesan）
　　—— 5g（磨碎）
松露油 —— 適量

辣根（Horseradish）—— 適量

[2 人份]

1. 將牛肉切成 4 ～ 5cm 大小的塊，撒上鹽，靜置 30 分以上。撒上麵粉，加入少量的橄欖油（份量外），在熱鍋中用大火煎至表面呈現焦黃色。

2. **製作紅酒醬汁基底。**在鍋中放入小洋蔥和 1 小匙的橄欖油（份量外），中火炒至上色。倒入紅酒，煮沸後加入剩餘的調味料，繼續煮至濃稠。由於添加了明膠粉，所以加熱熬煮後會變得更加濃稠。

3. 當鍋中的液體煮至剩不到一半（約 250㎖）時，過濾將洋蔥去除。待涼後與步驟 1 的牛肩里脊肉一起放入耐熱袋中，以 75℃加熱 24 小時（或 85℃加熱 8 小時）。

4. **製作義大利麵。**將寬扁麵在加入 1% 鹽的沸水中按照說明時間煮熟。將蘑菇切碎。

5. 在煎鍋中放入 1 小匙的橄欖油（份量外）和蘑菇碎，中火炒至蘑菇變軟。當蘑菇變軟後，關火，加入奶油、帕馬森乳酪和煮好的麵條，快速拌匀。如果有的話，最後可以加入少量松露油調味。

6. 將小洋蔥去皮，放入耐熱碗中。加入奶油和 1 大匙水（份量外），用保鮮膜覆蓋，放入 600W 的微波爐中加熱 5 分鐘，然後讓其燜蒸。

7. 將步驟 3 耐熱袋裡的汁液倒入小鍋中，煮至稍微變稠，加入 1 撮鹽（份量外）調味。

8. 將步驟 7 取出的牛肉放入，輕輕加熱至均匀。盛盤，並搭配義大利麵、切半的小洋蔥，再刨上碎辣根。

【燉牛肉用肉】＊燉牛肉塊（肩部里脊肉、五花肉、牛腱肉等）
○具有纖維感和彈性 →70℃ & 24hr. ○柔軟但不會散開 →75℃ & 24hr. ○軟到可以用叉子鬆開 →80℃ & 24hr.

牛肉咖哩
奶油飯

如果學會了紅酒燉牛肉，那麼製作咖哩的基本原理是一樣的，將肉和醬汁放在耐熱袋裡一起加熱，低溫烹調可以使咖哩不會沸騰，芳香成分也不會揮發，因此香料的風味不會流失。您可以自製咖哩醬，但推薦使用市售的咖哩醬，更為方便。我喜歡使用的是「Curry paste」（朝岡香料），但您也可以使用「印度の味」（Mascotte）等商品製作出同樣的咖哩。如果醬汁濃度不夠，請放在爐火上煮至濃稠。將咖哩醬料中水的一半替換為椰奶，可以使味道更加濃郁。如果香料不夠，請在最後添加一些咖哩香料等調節。只需將牛肉、咖哩醬料和水放入耐熱袋中進行低溫烹調，利用這段時間來做一些奶油飯。食譜中使用鍋子煮飯，但使用電子鍋可以減少工作量。最好一次做兩倍份量的咖哩，然後將剩餘部分冷凍起來。現在，多出來的空閒時間該做些什麼好呢？

牛肩里脊（整塊）——200g
鹽 —— 牛肉重量的 0.5%
麵粉 —— 適量
咖哩醬（Curry paste）——90g
水 —— 150㎖

奶油飯
米 ——150g
洋蔥 ——1/4 個（切碎）
奶油 ——15g
高湯 ——200㎖ ＊

＊高湯可使用市售的高湯塊等稀釋。
　一個高湯塊大約需 400㎖的水。

鮮奶油 —— 適量
巴西利 —— 適量

[2 人份]

1. 將牛肉切成 2 ～ 3cm 大小的塊狀，撒上鹽，靜置 30 分以上。牛肉放入鍋中撒上麵粉，加入少量的橄欖油（份量外），用大火將表面煎至微焦。將煎好的牛肉、咖哩醬和水放入耐熱袋中（**A**）（**B**），以 75℃加熱 24 小時（或者以 85℃加熱 8 小時）（**C**）。

2. **製作奶油飯**。將米洗淨後浸泡 30 分鐘以上，瀝乾水分。在中火的平底鍋中融化奶油，加入洋蔥炒至軟化但不上色。將米、高湯和炒好的洋蔥倒入有蓋的厚底鍋中，用中火煮沸。

3. 煮沸後轉小火，煮 8 ～ 10 分鐘後關火，燜蒸 10 分鐘。稍後攪拌一下，釋放蒸氣。

4. 將飯和咖哩盛盤，根據喜好淋上鮮奶油，撒上巴西利碎裝飾。

A

C

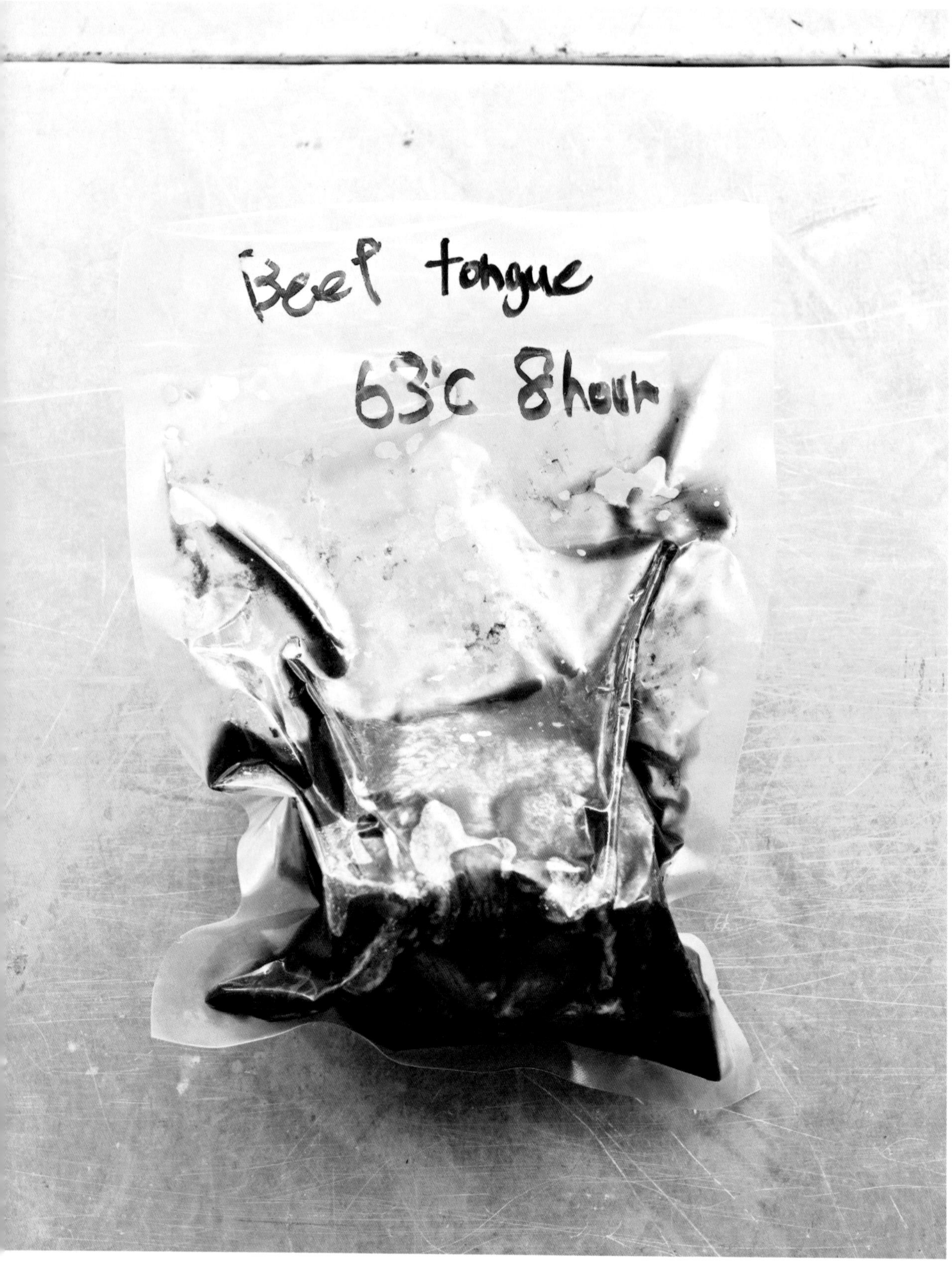
Beef tongue
63°C 8hour

Beef shank
65°C 112 hour

烤牛舌佐青江菜＆味噌醬

ROASTED BEEF TONGUE with BOK CHOY & MISO SAUCE

RECIPE > P.92

烤牛舌佐青江菜 & 味噌醬

紐約的中國菜館常常提供法式中菜的菜色，就像這道菜一樣。牛舌通常已經去皮出售（如果還有皮，請用刀削除）。將它以63℃加熱8小時，強調玫瑰色的切面，享受肉質的美味。順帶一提，牛舌的根部有較多脂肪，口感較為柔軟，而末端則帶有清爽的風味。加熱牛舌會在耐熱袋裡積聚肉汁，所以您可以添加紅味噌（八丁味噌）＋蜂蜜，或者甜麵醬＋薑片，調製成醬汁。雖然食譜中沒有提到，但您也可以添加蒜泥或豆瓣醬，使味道更加豐富。牛舌除了根部之外的部位（舌中和舌尖）也適合用於紅酒燉煮（P.86），這時您可以用85℃加熱12小時，使其呈現柔軟的口感，並添加一罐市售的半釉汁（Demi-glace sauce），做成燉牛舌。雖然在日本人的印象中，牛舌等同於鹽味烤肉，但實際上它是一個用途廣泛的部位。

牛舌（根部）—— 1/2條
鹽 —— 牛舌重量的0.5%
青江菜 —— 2顆
薑 —— 10g（切絲）

味噌醬
紅味噌 —— 1大匙
蜂蜜 —— 2大匙
薑 —— 1小匙（磨成泥）

片狀鹽（或喜好的鹽）—— 適量

[2人份]

1. 牛舌撒上鹽，放入耐熱袋中，以63℃加熱8小時。

2. **製作味噌醬**。將袋中的肉汁、紅味噌和蜂蜜放入鍋中，中火加熱並攪拌。沸騰後關火，加入薑泥拌勻。

3. 青江菜分開葉和莖，將莖縱切成4等份，一起以水汆燙1分鐘，撈起放入濾網瀝乾水分。

4. 將1的牛舌從耐熱袋中取出，用吸水紙擦乾表面水分。在平底鍋中倒入少量橄欖油（份量外），用大火將牛舌表面煎至金黃香脆後取出。

5. 在同一平底鍋中倒入1大匙橄欖油（份量外），加入薑絲炒至金黃。將味噌醬塗抹在盤中，擺上切成薄片的牛舌和青江菜。撒上炒好的薑絲，可依個人口味撒上片狀鹽。

燉牛尾 [Osso buco]
帕馬森乳酪燉飯

**OXTAIL OSSO BUCO
PARMESAN RISOTTO**

RECIPE > P.98

72 小時燉牛腱佐紅酒醬
糖煮胡蘿蔔

72-HOUR COOKING of BEEF SHANK with RED WINE SAUCE
CARROT GLASSE

RECIPE > P.99

燉牛尾 ［Osso buco］
帕馬森乳酪燉飯

「Osso buco」是義大利米蘭的傳統菜餚。Osso是義大利語中的骨頭，Buco則是指洞。原始食譜使用帶骨的牛腱肉，但這裡使用了牛尾進行了改良。與紅酒燉牛肉不同，切碎的蔬菜保留在醬汁中，番茄的風味也很突出。在放入牛尾之前，將醬汁充分煮至濃縮是關鍵。使用相同的醬汁，也可以加入以麵粉裹上煎的豬肩肉（約300g）燉煮，味道也會很棒。這個食譜還包括一道配菜：帕馬森乳酪燉飯，可以使用鍋子製作。這種情況下，將切碎的洋蔥和10g的奶油放入鍋中，中火炒至軟，然後加入米，繼續翻炒直到變熱，接著倒入白葡萄酒和高湯。煮沸後轉小火，不斷攪拌煮至收汁，米煮熟成飯後關火，加入帕馬森乳酪和剩下的40g奶油，用木匙攪拌均勻即可。

牛尾——2塊
鹽——牛尾重量的1%
麵粉——適量

燉煮醬汁
洋蔥——1/2顆
紅蘿蔔——1/2根
大蒜——1瓣
紅酒——200㎖
切丁番茄罐頭——1/2罐
月桂葉——2片

焦糖醋汁（Gastrique）
砂糖——15g
水——1大匙
白葡萄酒醋——1大匙

帕馬森乳酪燉飯
米——75g
洋蔥——1/4顆（切碎）
白葡萄酒——50㎖
帕馬森乳酪（Parmesan）——25g
鹽——1/4小匙
黑胡椒——少許
高湯（或水）——300㎖
番紅花（可省略）——1撮
奶油——50g

巴西利（切碎）——適量

[2人份]

1. **製作燉煮醬汁**。將洋蔥、紅蘿蔔、大蒜切成末。在厚底鍋中倒入1大匙的橄欖油（份量外），用中小火翻炒切碎的蔬菜。蓋上鍋蓋，慢煮20分鐘，時不時攪拌。當蔬菜轉為金黃色時，加入紅酒，煮至湯匙劃過可見鍋底的程度。

2. 牛尾撒上材料中的鹽，沾裹上麵粉。在平底鍋中倒入少量的橄欖油（份量外），用大火煎表面。

3. **製作焦糖醋汁**。在小鍋中倒入砂糖和水，用中火加熱。當砂糖溶解並冒泡時，轉至小火，不斷攪拌直到形成焦糖狀。當冒煙並變成焦糖色後，關火，加入白葡萄酒醋攪拌均勻。

4. 將製作好的焦糖醋汁倒入步驟1的鍋中，加入罐頭番茄，繼續煮至稍微變濃稠。

5. 將步驟2的牛尾、步驟4的煮汁和月桂葉放入耐熱袋中，在85℃下加熱24小時。

6. **製作帕馬森乳酪燉飯**。將米稍微沖洗。在鍋中倒入洋蔥和白葡萄酒，用中火煮至稍微收汁。除了奶油以外的材料放入耐熱袋中，在95℃下加熱15分鐘。

7. 將步驟6放在砧板或工作檯上。小心使用乾淨的毛巾等物品，以免手燙傷，搖動袋子使內容物混合。再次在95℃下加熱15分鐘後，倒入碗中，加入奶油攪拌均勻。

8. 將步驟7的燉飯倒入鍋中，確認濃度。如果太稀，輕輕地煮至濃稠。將燉飯及牛尾盛盤，撒上切碎的巴西利。

72 小時燉牛腱佐紅酒醬
糖煮胡蘿蔔

牛腱肉是牛支撐體重而發達的肌肉部位，堅硬的特性最適合用來燉煮。以65℃烹調72小時，可以獲得獨特的口感，既不像燉肉又不像牛排。最好選用脂肪含量較高的和牛，即使是昂貴的和牛，使用牛腱不僅相對便宜，這個食譜也能派上用場。既然花了這麼多時間，醬汁也要奢華一些。將牛絞肉和洋蔥炒熟，加入紅酒，撒上明膠粉，煮至收汁，再過濾製成紅酒醬汁。這種紅酒醬汁也可搭配牛排，菲力牛排尤其適合。由於紅酒的風味較濃郁，因此選擇酸度不過強、酒體飽滿的卡本內蘇維翁（Cabernet Sauvignon）即可，使用昂貴的葡萄酒不會比較好，平價的就足夠了。相較之下，糖煮胡蘿蔔（Carrot glacé）可烘托出柳橙汁的酸度。透過牛腱、胡蘿蔔、紅酒醬汁和糖煮胡蘿蔔的柳橙醬汁等相結合，形成對比的味道，可以使整道菜更加突出。

牛腱肉 —— 300g

紅酒醬汁

牛絞肉 —— 500g
洋蔥 —— 1/2 顆（切末）
大蒜 —— 1 瓣（切末）
紅酒 —— 400㎖
水 —— 200㎖
蜂蜜 —— 20g
明膠粉 —— 10g
巴薩米可醋（Balsamic）—— 30㎖
醬油 —— 1/2 大匙

糖煮胡蘿蔔

胡蘿蔔 —— 1/2 根
柳橙汁（100%果汁）—— 100㎖
奶油 —— 10g
砂糖 —— 1 大匙
鹽 —— 1/4 小匙

【2 人份】

1. 牛腱放入耐熱袋中，以65℃溫度加熱72小時。

2. **製作紅酒醬汁**。將牛絞肉以平底鍋中火炒至上色，轉移到深鍋中。在同一平底鍋中，繼續將洋蔥和大蒜炒至上色，加入深鍋中。

3. 在鍋中加入紅酒、水、蜂蜜、明膠粉，以中火加熱。一旦沸騰後，轉至小火，同時去除表面浮油，繼續煮45分鐘。用濾網過濾，將液體倒入小鍋中，加入巴薩米可醋和醬油，繼續煮至稍微變濃稠。當醬汁可在湯匙背面形成薄膜時，即可關火。

4. **製作糖煮胡蘿蔔**。將胡蘿蔔切成1.2cm的長條狀，用保鮮膜包好，放入600W的微波爐中加熱3分鐘。在小鍋中放入胡蘿蔔和剩餘的材料，以中火加熱。一旦沸騰，轉至小火，直到胡蘿蔔變軟為止。

5. 將1的牛腱從耐熱袋中取出，切成一口大小的塊狀。將醬汁均勻地倒入盤中，擺上牛腱和糖煮胡蘿蔔。

羊肉的脂肪融點高達44℃，不容易在人體體溫下融化，因此被認為是健康的肉類。相反地，由於脂肪的口感不佳，因此經常會在烹調時將其充分煎至融出以發揮其美味。另一方面，鴨肉的脂肪融點在20～30℃之間，比牛肉或豬肉低，因此可在口中迅速融化，但仍然需要將厚皮煎得恰到好處才能增添美味。對於皮和脂肪，應充分加熱，而紅肉部分則應適度加熱。這是烹調肉類的基本鐵則。

〈 羊排 〉

	溫度	時間
粉紅色且柔軟	52°C	30min.
粉紅色且多汁	55°C	30min.
看起來顏色白但仍多汁	60°C	30min.

〈 羊肩里脊 & 羊腿 〉

	溫度	時間
柔軟	55°C	16hr.
非常軟	55°C	24hr.

〈 鴨胸 〉

	溫度	時間
柔軟、Rare 一分熟	54°C	45min.
非常軟	58°C	45min.

〈 帶骨鴨腿 〉

	溫度	時間
柔軟但以叉子無法鬆開	65°C	16hr.
足夠軟可以用叉子鬆開	75°C	16hr.
燉肉般柔軟	80°C	16hr.

羊排佐羅梅斯科醬
白花椰沙拉

**LAMB CHOPS with ROMESCO SAUCE
CAULIFLOWER SALAD**

RECIPE > P.106

麵包粉裹羊排佐橄欖醬、木之芽
烤舞菇

**BREADED LAMB CHOPS with TAPENADE
GRILLED MAITAKE MUSHROOM**

RECIPE > P.107

羊排佐羅梅斯科醬
白花椰沙拉

羊排的骨頭可能會刺破耐熱袋，為了安全起見，建議用錫箔紙包覆骨頭處。由於羊肉屬於紅肉的瘦肉，因此使用與牛肉相同的方式進行烹調（這裡是55℃）。雖然我撒了咖哩鹽，但羊肉本身就有獨特的香氣，因此加入香料能使其更加美味。您也可以撒上七味粉等和風香料來煎烤。低溫烹調後，放入平底鍋中兩面煎至香脆是關鍵。西班牙料理的羅梅斯科醬（又稱西班牙式番茄醬）非常適合搭配羊肉、魚或蔬菜，是一款萬用醬料。可在冰箱保存約一週，因此您可以多做一些備用。雖然食譜中是將番茄放入烤箱烤熟，但如果使用罐裝整顆番茄（1罐），則可以省略這一步驟。配搭的白花椰沙拉可能會讓您驚訝，因為「生吃白花椰」聽起來有點出乎意料，但切成薄片後卻是驚人的美味。沙拉中加入的葡萄乾，與醬汁和羊肉非常和諧。儘管只是少量，但葡萄乾會給整道菜帶來截然不同的風味。

羊排——5～6支

鹽 —— 羊排重量的 0.6%

咖哩鹽（混合等量的咖哩粉和鹽）—— 適量

羅梅斯科醬（方便製作的份量）

大蒜 —— 1 顆

紅椒 —— 1 個

番茄 —— 中等大小 1 個（或者迷你番茄 3 個）

杏仁 —— 40g（切成粗粒）

橄欖油 —— 85㎖

鹽 —— 1/2 小匙多

白葡萄酒醋 —— 8㎖

紅椒粉（Paprika）—— 1 小匙

白花椰沙拉

白花椰 —— 1/4 顆（約100g）

葡萄乾 —— 10g

薄荷葉 —— 適量（切碎）

小番茄 —— 5 個

橄欖油 —— 1 大匙

白葡萄酒醋 —— 2 小匙

鹽 —— 1/4 小匙

薄荷葉 —— 適量

[2 人份]

1. 將羊排骨頭部分用鋁箔紙包裹起來。撒上鹽，放入耐熱袋中，以55℃加熱30分鐘。

2. **製作羅梅斯科醬**。保持大蒜的外皮，用鋁箔紙包裹，與紅椒和番茄一起放入預熱至170℃的烤箱中烤45分鐘。

3. 烤好的大蒜去掉頭部，擠出蒜仁。去除紅椒的蒂和種籽，去皮，去除番茄的蒂。與剩餘的材料一起放入食物料理機中（**A**），打成泥狀。

4. **製作白花椰沙拉**。用切片器將白花椰切成薄片。放入碗中，加入葡萄乾、薄荷葉、切成四等份的小番茄和調味料，拌勻。

5. 將**1**的羊排從耐熱袋中取出，取下鋁箔紙，用紙巾擦乾表面水分。撒上咖哩鹽，淋少量橄欖油（份量外），在熱鍋中以大火煎香兩面（**B**）。

6. 在盤子中舖上羅梅斯科醬，放上羊排和沙拉，依喜好加上薄荷葉。

A

B

【羊排】○粉紅色且柔軟→52℃ & 30min. ○粉紅色且多汁→55℃ & 30min. ○看起來顏色白但仍多汁→60℃ & 30min.

麵包粉裹羊排佐橄欖醬、木之芽
烤舞菇

同樣的羊排，這裡塗抹芥末醬後沾裹上麵包粉焗烤。採用第戎芥末醬（Dijon mustard）作為黏合劑，然後撒上麵包粉，也有使用沾裹麵粉→蛋液→麵包粉的順序，再油炸的方式。將蒜頭和香草（例如巴西利、木之芽、迷迭香、百里香等）切碎加入麵包粉中，可以製作成稱為「香草麵包粉 Persillade」的料理，一般的配方是大蒜和香草的比例為麵包粉的 2%。芥末醬和香草能夠中和羊肉獨特的風味，使其更加美味。在這個食譜中，我們加入了芥末醬和木之芽的組合，當然，如果無法獲得木之芽，也可以使用其他現有的香草。在橄欖醬（Tapenade sauce）中加入少量芥末，可以提高與羊肉的搭配度。由於醬汁可以做得多一些，所以如果有剩下，可以塗抹在麵包上烤，作為開胃菜享用，或者拌入煮熟的馬鈴薯，也非常適合搭配豬肉或雞肉。

羊排——5～6支
鹽——羊排重量的 0.6%
第戎芥末醬——適量
麵包粉——適量

橄欖醬（方便製作的份量）
黑橄欖（去核）——170g
鯷魚——50g
酸豆——70g
第戎芥末——20g
橄欖油——50㎖

烤舞菇
舞菇——1包
橄欖油——1大匙
鹽——適量

木之芽——適量

[2人份]

1. 將羊排骨頭部分用鋁箔紙包裹起來。撒上鹽，放入耐熱袋中，以 55℃加熱30分鐘。

2. **製作橄欖醬**。將所有材料放入食物料理機中，打成泥狀。

3. **製作烤舞菇**。用手將舞菇撕成小塊，淋上橄欖油，放入烤盤中，用烤箱烤5分鐘。烤好後輕輕撒上鹽。

4. 從耐熱袋中取出羊排，撕去鋁箔紙，塗上第戎芥末醬（**A**），沾裹上麵包粉（**B**）。將吐司小烤箱或烤箱預熱至250℃，將羊排烤至表面呈金黃色。

5. 在盤中放3的烤舞茸、羊排，搭配橄欖醬，撒上木之芽。

A

B

羊肩里脊佐芥末醬
紫洋蔥泡菜

LAMB SHOULDER LOIN STEAKS with MUSTARD SAUCE
PICKLED RED ONIONS

RECIPE > P.112

咖哩燉羊腿＆蔬菜
巴西利風味北非小麥

**CURRIED LAMB & VEGETABLE STEW
COUSCOUS TABBOULEH**

RECIPE > P.115

羊肩里脊佐芥末醬
紫洋蔥泡菜

羊排價格稍高，而羊肩里脊是較經濟實惠的部位。它常被切成薄片用於製作蒙古烤肉、燉煮或烤肉串，但若長時間以低溫烹調，也可製成羊排。使用與豬肩肉相同的低溫長時間烹調方法，使膠原蛋白分解，打造獨特的口感。羊肉脂肪的融點較高，請趁熱上桌享用。您可以搭配羅梅斯科醬汁（P.106）或橄欖醬（P.107），但這裡我們選擇以肉汁製作簡單的芥末醬，風味清爽。您也可以試試與豬肩肉所搭配的燒烤醬（P.58）。紫洋蔥泡菜可增添鮮豔色彩和酸味，為菜餚增添味道的層次。如果沒有紫洋蔥，也可以使用紫色高麗菜來醃漬（P.35）。配菜可選擇烤小洋蔥和蕪菁，或者薯片（參見第84頁）。

羊肩里脊（1.5cm厚）——2片
小洋蔥（ペコロス）——2個
蕪菁 ——1個
迷迭香 ——2枝
高湯 ——50㎖
橄欖油 ——1大匙
第戎芥末醬——2小匙
鮮奶油 ——1大匙

紫洋蔥泡菜
紫洋蔥 ——1/2個
醋 ——100㎖
水 ——60㎖
細砂糖 ——2大匙
芫荽籽（Coriander seed）——1小匙

[2 人份]

1. 將羊肩里脊放入耐熱袋中，以55℃加熱24小時。

2. **製作紫洋蔥泡菜**。將紫洋蔥切成2cm寬的楔形，放入碗中。在小鍋中加入其餘材料煮沸，然後倒入紫洋蔥內。待涼後，放入冰箱靜置一晚，第二天即可使用（可裝入乾淨的瓶中，冷藏保存1個月）。

3. 將小洋蔥切半。蕪菁莖留約1cm，皮的部分保留，然後切成6等份的楔形。在平底鍋中倒入1小匙橄欖油（份量外），用中火慢慢煎熟小洋蔥和蕪菁。煎好後，撒上少量鹽（份量外），取出備用。

4. 在同一平底鍋中加入迷迭香和**1**耐熱袋中的汁液。用中火加熱至底部焦黃，然後注入高湯（**A**）溶解鍋底精華（Déglacer）。

5. 再次煮沸（**B**），用濾網過濾，加入橄欖油、第戎芥末醬和鮮奶油，混合均勻，並用少量鹽調味。保留迷迭香。

6. 將羊肉從耐熱袋中取出，用廚房紙巾擦乾表面水分，撒上少量鹽（份量外）。在平底鍋中倒入少量橄欖油（份量外），用大火煎香兩面。將醬汁舀入盤中，盛上羊肉、小洋蔥和蕪菁，再放上紫洋蔥泡菜和迷迭香。

A

B

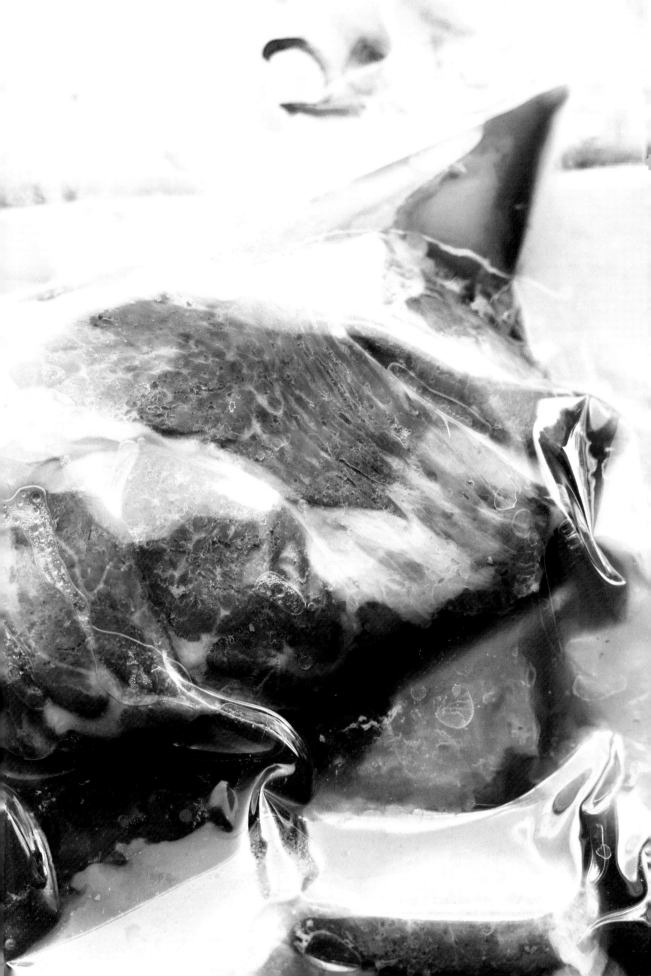

咖哩燉羊腿＆蔬菜
巴西利風味北非小麥

輕燉煮羊肉和蔬菜是一道美食，靈感來自法國料理，同樣是以羊肉和蔬菜的燉菜—「Navarin」。這道料理中，我們將番茄糊加入咖哩粉調味，並搭配巴西利風味的北非小麥（Couscous）。如果在醬汁中加入一些杏桃乾和去籽橄欖，那麼口味將更接近摩洛哥，如果你手邊有這些材料，不妨一試。此外，再加入一些哈里薩辣醬（Harissa）也很不錯。哈里薩是一種由辣椒和香料製成的調味料，你可以在進口食品店購得。如果找不到哈里薩辣醬，可以使用寒造里Kanzuri（かんずり P.51）或柚子胡椒代替。北非小麥是一種義大利麵（Pasta），可以代替米飯。只需注入熱水，蓋上保鮮膜，或者將其放入微波爐中加熱1分鐘即可食用，非常方便。在這個食譜中，如果加入一小匙的醋，北非小麥就變成了沙拉，也可以作為其他菜餚的配菜。

羊腿（整塊）──300g
鹽 ── 羊肉重量的1%
茄子 ──1/2根
甜椒 ──1/2顆
馬鈴薯──小1顆

咖哩醬汁
洋蔥 ──1/2顆（切碎）
大蒜 ──1小匙（磨碎）
薑 ──1小匙（磨碎）
咖哩粉 ──1大匙
番茄糊（Tomato paste）──1大匙
水 ──200㎖

巴西利風味北非小麥
北非小麥（Couscous）──100㎖
巴西利 ──10g（切碎）
熱水 ──100㎖
橄欖油 ──1大匙
鹽 ── 少許

[2 人份]

1. 將羊腿肉撒上材料表中的鹽，放入耐熱袋中，以55℃加熱24小時。

2. **製作巴西利風味北非小麥**。將北非小麥放入碗中，注入熱水，蓋上保鮮膜，靜置10分鐘。用叉子等將其拌鬆，加入其餘材料，輕輕攪拌均勻。

3. 從袋中取出**1**的羊腿肉，用吸水紙巾擦乾表面水分，切成一口大小。

4. **製作咖哩醬汁**。在厚底鍋中倒入1大匙沙拉油（份量外），以中火加熱，炒香洋蔥至微黃。加入大蒜、薑和咖哩粉，稍微炒香後，加入袋中的肉汁和番茄糊，繼續翻炒。醬汁變稠時加水煮沸後關火。

5. 將茄子切成1cm厚的片狀，將甜椒去蒂和種籽後切碎。馬鈴薯洗淨，帶皮用保鮮膜包裹，放入600W微波爐中加熱3分鐘，取出切成4塊。

6. 在平底鍋中倒入少量橄欖油（份量外），中火加熱，將**5**的蔬菜平鋪在鍋中加熱。當出現金黃焦色時，撒上1/4小匙的鹽（份量外），倒入咖哩醬汁的鍋中。

7. 在同一平底鍋中炒熱**3**的羊肉，加入醬汁的鍋中。煮1～2分鐘使所有蔬菜與肉均勻沾裹醬汁，用少許鹽調味。將北非小麥盛盤，再舀入燉肉＆蔬菜。

煎鴨胸佐青蔥醬
煮芋頭

**SAUTEED DUCK BREAST with GREEN ONION SAUCE
GRILLED SATOIMO**

RECIPE > P.118

煎鴨胸佐阿比修斯醬汁

SAUTEED DUCK BREAST with APICIUS SAUCE

煎鴨胸佐青蔥醬
煮芋頭

鴨肉的皮較厚，煎去脂肪後更容易入口，但低溫烹調時脂肪難以融化，因此先在平底鍋中煎鴨皮。有時會聽到「先稍微煎熟肉，否則容易過於油膩」的說法，但這並非事實。如同在油封部分所解釋的，油分子較大，無法滲透到肉中。還有一種說法是「先煎熟肉以鎖住美味」，但這也是沒有根據的，因為即使在煎烤後，水分也無法鎖住。在煎鴨皮時流出的脂肪可另行保留用於其他料理。當鴨皮煎至金黃酥脆後，移到耐熱袋中進行低溫烹調，加熱鴨肉的部分。完成後，再把鴨皮煎一下，讓油脂的香味出來，就完成了。這時，將混合好的白蘭地、蠔油、醬油塗在鴨皮上，但如果沒有白蘭地也可以省略。鴨肉和蔥是如此相配，以至於有「鴨蔥」這樣的詞彙，因此我們準備了一款以蔥為基礎的醬汁來搭配。

鴨胸肉 —— 1片
鹽 —— 鴨肉重量的1%
白蘭地 —— 1大匙
蠔油 —— 1小匙
醬油 —— 1/2小匙
芋頭（小）—— 2個

蔥薑醬汁

細蔥 —— 40g
大蒜 —— 1/2瓣
生薑 —— 1/2片
辣椒 —— 1/2條
花椒 —— 1g
醬油 —— 1/2小匙
蠔油 —— 1小匙
鹽 —— 少許
沙拉油 —— 3大匙

[2 人份]

1. 將鴨胸皮的那一面用刀子劃切上菱形的切痕（**A**），若肉的部分還有一層薄皮，則剔除。撒上鹽，將鴨皮朝下放在不沾處理的平底鍋中，用中火煎。在煎的過程中，用手輕壓使鴨皮與鍋底充分接觸，並且讓脂肪流出（**B**），流出的脂肪要及時撈出。

2. 等到鴨皮煎至焦黃色後，翻面，迅速將另一面也煎至殺菌。將鴨肉移至托盤上，待其稍微冷卻後，放入耐熱袋中，以54℃加熱45分鐘。

3. **製作蔥薑醬汁**。將細蔥切成蔥花，將大蒜和生薑切末。將辣椒去籽後，與花椒一起切碎。

4. 在小鍋中加入大蒜、生薑和沙拉油，用中火加熱。當香氣開始散發時，加入蔥花快速翻炒，然後加入其餘材料拌勻，待冷卻。

5. 將芋頭洗淨，保留皮，煮熟後剝皮，切成1cm寬的片。

6. 取出 **2** 的鴨肉，用廚房紙巾擦去表面的水分。將混合了白蘭地、蠔油和醬油的調味液塗抹在鴨皮（**C**）那一面，然後在烤盤上用上火烤箱將皮面烤至金黃香脆。切成適合的大小，擺盤淋上醬汁，搭配芋頭一起享用。

A

B

C

【鴨胸肉】○柔軟、Rare 一分熟→54℃ & 45min. ○非常軟→58℃ & 45min.

煎鴨胸佐阿比修斯醬汁

另一種鴨肉料理，是抹上蜂蜜和香料後烤至香脆，稱為阿比修斯風格 (Apicius style)。「阿比修斯」是古羅馬時期的美食家，這種烹飪手法最初是由阿蘭・桑德朗 (Alain Senderens) 所創，現在許多廚師延續的做法都在向他致敬。這款醬汁是根據保羅・博庫斯 (Paul Bocuse) 的食譜改良而成，使用醬油和蜂蜜調製，味道獨特。原始食譜中使用了多種香料，這裡用馬薩拉香料 (Garam masala) 代替。由於含有蜂蜜，因此溫度降低後醬汁濃稠度會增加，所以煮沸時要小心不要過度，最好以醬汁輕微附著在湯匙背面為目標，慢慢煮沸。如果煮沸過度，也可以用水調整。這是一道令人聯想到中世紀歐洲宮廷料理的菜餚，香料味道濃郁。

鴨胸肉——1片
鹽——鴨肉重量的1%
馬薩拉香料 (Garam masala)——少許
毛豆——適量（煮熟後從豆莢中取出）

阿比修斯醬汁
馬薩拉香料——1小匙
白葡萄酒醋——30㎖
醬油——50㎖
蜂蜜——100g
八角——1顆
肉桂——1條

[2人份]

1. 將鴨胸皮的那一面用刀子劃切上菱形的切痕（**A**），若肉的部分還有一層薄皮，則剔除。撒上鹽，將鴨皮朝下放在不沾處理的平底鍋中，用中火煎。在煎的過程中，用手輕壓使鴨皮與鍋底充分接觸，並且讓脂肪流出，流出的脂肪要及時撈出。

2. 等到鴨皮產生焦色後，翻面，迅速煎鴨肉面以殺菌。然後將鴨胸移到托盤中，等待冷卻後，放入耐熱袋，以54℃的溫度加熱45分鐘。

3. **製作阿比修斯醬汁**。在鍋中加入馬薩拉香料和白葡萄酒醋，用中火煮沸。當醬汁濃稠時，加入剩餘的材料，轉小火繼續煮約5分鐘，直到醬汁變得稍微濃稠。

4. 將2的鴨胸從袋中取出，用紙巾擦乾表面的水分。撒上馬薩拉香料，放入平底鍋中，鴨皮向下，煎至金黃色，然後根據個人喜好切片。在盤中倒入醬汁，放上煎好的鴨肉，撒上切半的毛豆。

油封鴨腿佐柳橙醬汁
水芹＆牛蒡沙拉

**DUCK CONFIT with ORANGE SAUCE
JAPANESE PARSLEY & BURDOCK ROOT SALAD**

RECIPE > P.124

鴨腿 & 烤大蔥燉肉鍋

DUCK LEG & GRILLED GREEN ONION < POT-AU-FEU >

RECIPE > P.125

油封鴨腿佐柳橙醬汁
水芹&牛蒡沙拉

當鴨腿經過長時間的低溫烹調後，口感會變得極為滑嫩。以下是使用鴨腿製作的料理。第一道是鴨腿佐柳橙醬汁。進口的鴨腿有時會留有羽根，使用前請確認。如果有羽根，請用骨夾等將其拔出。柳橙醬汁是將柳橙汁煮至濃稠，加入鴨的汁液、奶油和醬油調製而成，不僅適合用於煎烤鴨腿，還適合用於雞肉和豬肉。鴨肉具有獨特的風味，適合與具有強烈香氣的蔬菜搭配，因此在日本料理中，一直以來都與水芹（せり）和蔥相佐，以此得到靈感，這道菜配上水芹和牛蒡沙拉。如果沒有水芹，也可以使用春菊或芝麻葉等代替。脆脆的炸牛蒡可以事先製作，因此並不麻煩。燉鴨腿可以事先製作好，不僅可以用於取代豬肉製作「燉豬肩肉&白腰豆」（P.59），還可以撕碎用於義大利麵的配料。

帶骨鴨腿 —— 2隻
鹽 —— 鴨肉重量的1%

柳橙醬汁
柳橙汁（100%純果汁）—— 200㎖
奶油 —— 10g
醬油 —— 1/2小匙

水芹&牛蒡沙拉
水芹 —— 1/2束
牛蒡 —— 1/2根
橄欖油 —— 1/2大匙
白葡萄酒醋 —— 1/2小匙
鹽 —— 適量
炸油 —— 適量

[2人份]

1. 鴨肉先撒上鹽，放入耐熱袋中，以75℃溫度加熱16小時。

2. **製作水芹&牛蒡沙拉**。將牛蒡用刨削器等刨成薄片，然後在預熱至170℃的炸油中炸成金黃色。取出後以濾網瀝乾油分，撒上少許鹽。水芹去除根部，切成4～5cm長的段，放入碗中，加入橄欖油、白葡萄酒醋和少許鹽調味，然後加入炸香的牛蒡輕輕拌勻。將切下的水芹根用同一鍋炸油炸至上色後，取出瀝乾油分。

3. 取出1的鴨腿，用吸水紙擦乾表面水分。在平底鍋中倒入少量橄欖油（份量外），用大火燒熱後，將鴨肉皮面朝下放入鍋中煎至香脆。

4. **製作柳橙醬汁**。將柳橙汁倒入鍋中，用中火煮至收汁濃縮。中途加入1耐熱袋中的汁液，再繼續煮至更加濃稠。稍微變稠時，加入奶油和醬油（A），搖動鍋子讓奶油完全融化。

5. 放入鴨腿，邊用湯匙淋上醬汁，同時繼續煮至濃稠（B）。當達到適合的濃稠度時，盛盤，放上炸過的水芹根，搭配沙拉上桌。

A

B

DUCK

124 【帶骨鴨腿】○柔軟但以叉子無法鬆開→65℃&16hr. ○足夠軟可以用叉子鬆開→75℃&16hr. ○燉肉般柔軟→80℃&16hr.

鴨腿 & 烤大蔥燉肉鍋

以油封鴨腿製成，加入了各種切成大塊食材的法式燉肉鍋（Pot-au-feu）。加入和風的高湯（dashi），是近年來國外餐廳中流行的做法。如果覺得準備高湯太麻煩，也可以使用即溶高湯粉。耐熱袋中的汁液要煮至收汁，直到在鍋底形成濃稠的焦黃色，附著在鍋底的精華，在法式料理中被稱為「suc」，注入液體將其煮溶的過程則稱為「Déglacer」。如果使用樹脂加工的不沾鍋，無法形成鍋底精華，因此請使用不鏽鋼鍋、鑄鐵鍋或鑄鐵陶瓷鍋（如 Staub 和 Le Creuset 等品牌）。烤過的大蔥也會為燉肉鍋增添風味。不過，要小心不要燒焦，過度燒焦會產生焦味。切蔬菜時要盡量注意外型，以提升燉肉鍋成品的外觀。

帶骨鴨腿——2 隻

鹽——鴨肉重量的 1%

高湯——600㎖ *

大蔥——1 根

胡蘿蔔——1/2 條

蕪菁——1 顆

小洋蔥（ペコロス）——2 顆

櫻桃蘿蔔——2 顆

鹽——1/4 小匙

黑胡椒——適量

巴西利——適量（切碎）

＊水 1ℓ、昆布 5g、鰹魚片 10g 放入鍋中用中火加熱。水滾後，轉小火煮 2～3 分鐘，撇去浮沫。剩下的高湯可以在冰箱中保存 1～2 天，或在冷凍庫中保存 1 個月。您也可以使用 1 個高湯塊溶於 600 ㎖的水來替代。

[2 人份]

1. 鴨肉撒上鹽，放入耐熱袋中，以 80℃加熱 16 小時。

2. 將袋中的汁倒入鍋中，中火加熱。煮至濃稠時，要小心觀察，如果底部出現金黃焦色，用紙巾輕輕吸除浮油（**A**），然後加入高湯（**B**）。用木匙等刮下底部金黃香的鍋底精華，同時溶入湯中，撈除浮渣（**C**），最後用鹽和黑胡椒調味。

3. 將大蔥切成 3cm 長的段，用 1 小匙的沙拉油（份量外）在平底鍋中加熱，用中小火慢慢煎至焦香。胡蘿蔔切成 4cm 長，再切成 6 等分的楔形，將邊角修圓。蕪菁切成 4 等分的楔形，同樣將邊角修圓。把小洋蔥和櫻桃蘿蔔切成半。

4. 將步驟 2 的湯汁加入大蔥、胡蘿蔔、蕪菁和小洋蔥，用中火加熱。煮沸後轉小火煮 20 分鐘。加入櫻桃蘿蔔，再煮 10 分鐘。根據口味添加高湯調整味道。

5. 從袋中取出步驟 1 的鴨腿，用紙巾擦乾表面的水分。在平底鍋中倒入少量的橄欖油（份量外），用中火煎至鴨皮金黃香脆。

6. 將步驟 4 的湯倒入鍋中，煮 1～2 分鐘使其融合，然後盛盤，撒上切碎的巴西利。

A

B

C

廚房的創新

Kitchen innovation

這本書是為了那些購買「低溫烹調器（低溫料理舒肥棒）」，最初用它做了烤牛肉或叉燒等菜餚，但漸漸地就不再使用，然後被擱置在櫃子裡的人而寫的。

低溫烹調是一種值得善加利用的烹飪方法。烹飪科學的權威《McGee Kitchen Science》的作者哈洛德·馬基（Harold McGee），將低溫烹調評為「當今廚房中最重要的創新」，這是因為它改變了對溫度和時間的烹飪理念。

烹飪就是對溫度和時間的掌控，而低溫烹調以恆定的溫度進行加熱，因此更容易調整時間。將低溫烹調融入生活中，可以讓烹飪與工作、烹飪與生活之間的緊湊界限降低，增加自由的時間。這正好為忙碌的現代生活帶來解方，因此在全世界都廣泛流行起來。

這本書主要介紹了以60分鐘至24小時等，長時間低溫加熱的烹飪方法。即使加熱時間延長了大約10%，對食材的影響也很小，反而更安全，因為這種溫度可以殺菌（使細菌無法繁殖）。因此，你可以將食材放在浸煮器中，需要時再進行最後的烹調。

提到低溫烹調時，有時會被問到「真空包裝機是必需的嗎？」我的回答是「它是有用的，但對於低溫烹調並非必需」。當然，排除袋中的空氣很重要，這樣熱量才能均勻傳導，並且可以抑制水分的蒸發，從而使食材的溫度不降低，且不易乾燥。然而，排出空氣很簡單，只需將食材放入袋中，浸泡在裝滿水的碗裡，然後利用水壓將空氣排出即可，並不一定需要機器。另外，廉價的真空包裝機在袋子內有液體（例如醬汁）時，可能無法很好地排出空氣，但這個問題可以透過將液體冷凍來解決。另外，由於低溫烹調器的溫度可能存在誤差（雖然最新的產品相當準確），所以最好先用溫度計測量一次，如果有誤差，只需調整一下即可。這些都可以透過改變思考方式來解決。

烹飪中有許多繁瑣的工作，但同時也是一種有趣的行為。例如，有人對每天的慢跑感到痛苦，而另一些人卻覺得它是一種享受。痛苦和快樂取決於我們的思考方式。也許我們需要創新的不是廚房，而是我們的意識。

樋口直哉

系列名稱／Joy Cooking

書名／低溫烹調「肉の教科書」

作者／樋口直哉

出版者／出版菊文化事業有限公司

發行人／趙天德

總編輯／車東蔚

文 編·校 對／編輯部

美編／R.C. Work Shop

地址／台北市雨聲街77號1樓

TEL／(02) 2838-7996

FAX／(02) 2836-0028

初版日期／2024年7月

定價／新台幣 450元

ISBN／9789866210969

書號／J161

讀者專線／(02) 2836-0069

www.ecook.com.tw

E-mail／service@ecook.com.tw

劃撥帳號／19260956大境文化事業有限公司

國家圖書館出版品預行編目資料

低溫烹調「肉の教科書」

樋口直哉 著；初版；臺北市
出版菊文化，2024 [113] 128面；
19×26公分 (Joy Cooking；J161)
ISBN／9789866210969
1.CST：肉類食譜　　2.CST：烹飪
427.2　　　　113007462

請連結至以下表單
填寫讀者回函，將
不定期的收到優惠
通知。

Original edition creative staff
Book design: Taro Kohashi (Yep)
Photos: Kiichi Fukuda
Styling: Misa Nishizaki
Editing: Yoko Koike (Graphic-sha
Publishing Co., Ltd.)